水电厂安全教育培训教材

基建单位管理人员分册

李华　宋绪国　刘立军　编

中国电力出版社
CHINA ELECTRIC POWER PRESS

内 容 提 要

《水电厂安全教育培训教材》针对水电厂各类人员量身定做，内容紧密结合现场安全工作实际，突出岗位特色，明确各岗位安全职责，将安全教育与日常工作结合在一起，巧妙地将安全常识、安全规定、安全工作、事故案例结合起来。员工通过本教材的学习，能达到增强安全意识，提高安全技能的目的。本册为《基建单位管理人员分册》，主要内容包括：安全组织体系、安全工作管理、基建管理岗位安全管理知识和技能。其中安全组织体系包括安全生产责任制、安全生产保证体系、安全生产监督体系；安全工作管理包括风险管理、基建安全隐患排查治理、应急管理、事故调查；基建管理岗位安全管理知识和技能包括分管生产副总经理、总工程师、副总工程师、安全监察质量部主任、安全监察质量部副主任、安全监察质量部安全监督专责、安全监察质量部消防保卫专责、工程部主任、工程部副主任、工程部专工、机电部主任、机电部副主任、机电部专工等安全管理知识和技能。

本套教材是水电厂消除基层安全工作中的薄弱环节，开展安全教育培训的首选教材，也可供水电厂各级安全监督人员及相关人员学习参考。

图书在版编目（CIP）数据

水电厂安全教育培训教材. 基建单位管理人员分册/李华，宋绪国，刘立军编. —北京：中国电力出版社，2017.1（2022.4重印）

ISBN 978-7-5198-0031-4

Ⅰ.①水… Ⅱ.①李… ②宋… ③刘… Ⅲ.①水力发电站—安全生产—生产管理—技术培训—教材 Ⅳ.①TV73

中国版本图书馆CIP数据核字（2016）第276475号

中国电力出版社出版、发行

（北京市东城区北京站西街19号　100005　http：//www.cepp.sgcc.com.cn）
河北鑫彩博图印刷有限公司印刷
各地新华书店经售

*

2017年1月第一版　　2022年4月北京第二次印刷
850毫米×1168毫米　32开本　3.75印张　81千字
印数2001—2500册　　定价**20.00**元

《水电厂安全教育培训教材》

编 委 会

主　编　李　华

副主编　王永潭　李建华　张　涛　吕　田　李幼胜

编　委　王　涛　宋绪国　吴冀杭　高国庆　李少春

罗　涛　李　显　王吉康　刘争臻　靳永卫

袁冰峰　邓亚新　李海涛　夏书生　高　辉

曹南华　张铁峰　孔令杰　徐　桅　王考考

蒋明君　王　宁　董飞燕　张建伟　王　健

顾希明　刘立军　高俊波　付　强　孔繁臣

刘亚莲　王振羽　孟继慧　王景忠

前言
FOREWORD

随着近年来水电行业的快速发展，水电建设的步伐逐年加快，对水电人才的需求也逐步增多，这对水电企业的安全教育培训提出了更高的要求。为了进一步提高水电企业的安全教育培训质量，充分发挥安全教育培训在安全责任落实、安全文化落地、人员素质提升等方面的作用，特组织行业专家编写本套《水电厂安全教育培训教材》。

本套教材共分为5个分册，包括《新员工分册》《现场生产人员分册》《生产单位管理人员分册》《基建单位管理人员分册》《参建施工人员分册》。

本套教材针对水电厂各类人员量身定做，适用于生产和基建单位新入职人员、一线员工和各级管理人员，内容紧密结合现场安全工作实际，突出岗位特色，明确各岗位应掌握的安全知识和应具备的安全技能，将安全教育与日常工作结合在一起，巧妙地将安全常识、安全规定、安全工作、事故案例等结合起来。通过分阶段、分岗位、分专业的系统性培训，全面提升各级生产人员的安全知识储备和安全技能积累。

本册是《基建单位管理人员分册》，主要内容包括安全组织体系、安全工作管理、基建管理岗位安全管理知识和技能，其中安全组织体系包括安全生产责任制、安全生产保证体系、安全生产监督体系；安全工作管理包括风险管理、基建安全隐患排查治理、应急管理、事故调查；基建管理岗位安全管理知识和技能包括分管生产副总经理、总工程师、副总工程师、安全监察质量部主任、安全监察质量部副主任、安全监察质量部安全监督专责、安全监察质量部消防保卫专责、工程部主任、工程部副主任、工程部专工、机电部主任、机电部副主任、机电部专工等安全管理知识和技能。参加本册编写的人员有李华、李幼胜、宋绪国、高国庆、李少春、罗涛、李显、王吉康、靳永卫、邓亚新、刘立军、高俊波、付强。

本套教材是水电厂消除基层安全工作中的薄弱环节，开展安全教育培训的首选教材，也可供水电厂各级安全监督人员及相关人员学习参考。

由于编写时间仓促，本套教材难免存在疏漏之处，恳请各位专家和读者提出宝贵意见，使之不断完善。

编者

目 录
CONTENTS

第三章　基建管理岗位安全管理知识和技能

第一章
安全组织体系

为贯彻"安全第一、预防为主、综合治理"的安全生产方针，落实《中华人民共和国安全生产法》《建设工程安全生产管理条例》等有关安全生产的法律、法规和标准，依据《国家电网公司安全工作规定》《国家电网公司基建安全管理规定》和《国家电网公司基建管理通则》相关规定。基建项目单位应建立以主要负责人负总责和"党政同责、一岗双责、失职追责"的安全生产责任制，建立健全基建安全保证体系和监督体系。

第一节 安全生产责任制

一、基建安全生产责任制定义

安全生产责任制是根据我国的安全生产方针"安全第一，预防为主，综合治理"和安全生产法规建立的各级领导、职能部门、工程技术人员、岗位操作人员在劳动生产过程中对安全生产层层负责的制度。基建安全生产责任制是建设单位岗位责任制的一个重要组成部分，是企业中最基本的一项安全制度，也是企业在基建项目建设过程中安全生产、劳动保护管理制度的核心。

1. 基建项目单位责任体系

基建项目单位负责牵头组建由监理、设计、施工、调试等单位及公司有关部门负责人构成的工程建设安全生产委员会，建立安全生产责任体系，统一组织管理工程建设安全工作。

基建项目单位在与设计、监理、施工等单位签订委托设计、监理合同或承发包合同时，合同中必须界定各自安全生产责任，制订工程安全文明施工总目标、计划和控制措施。

基建项目单位安质部对基建项目单位负责，对监理、设计、施工、调试等参建单位的安全生产组织实施监督和管理。监理单位负责对施工单位的安全生产实施审核控制和监督检查管理。施工单位对合同范围内的工程施工安全工作负责。

2. 安全生产责任书

为了切实加强基建项目单位安全生产管理工作，进一步落实安全生产责任，提高全员安全生产意识，确保施工人员在劳动过程中的安全和健康，实现无人员重伤、无重大施工机械设备安全事故的安全管理目标，维护工地正常的建设、生活秩序，保证各项施工任务的顺利完成。各参建单位、各部门应通过层层签订安全生产责任书，将安全生产责任分解落实到每一位参建员工，体现"安全生产、人人有责"。包括以下三个方面：

（1）基建项目单位领导与各参建单位安全第一责任人签订安全生产责任书。

（2）基建项目单位公司领导与各部门签订安全生产责任书，各参建单位安全第一责任者与各部门和作业队签订安全生产责任书。

（3）基建项目单位各部门主任与员工签订安全生产责任书，各参建单位各部门和作业队与作业人员签订安全生产责任书。

二、基建安全生产责任体系职责

（一）基建项目单位职责

（1）承担工程项目建设安全的组织、协调、管理、监督责任，对项目建设全过程的安全负责。

（2）贯彻落实国家有关安全生产的法律、法规及国家电网公司、国网新源控股有限公司基建安全管理要求，建立健全本项目的安全责任体系、保证体系、监督体系和安全管理标准制度。监督各参建单位按照有关安全法律法规、规范标准、规章制度的规定，保证安全三大体系正常运转，并对体系运行和管理绩效进行检查与考核，行使项目法人的安全生产监督管理职权。

（3）牵头组建工程建设安全生产委员会（以下简称安委会），并任主任单位，总经理任安委会主任，制订工程建设安全生产、职业健康等各项管理制度，组织协调各参建单位开展工程建设安全生产活动；具体履行工程项目安全管理职责。建立健全工程项目安全风险管理体系和应急管理体系。

（4）确定工程项目安全目标和主要保证措施并组织实施；确定合理工期，按基建程序组织工程建设。

（5）在组织工程招投标工作的同时，组织审查标书、合同中有关安全文明施工内容及奖罚条款，签订合同和安全协议。

（6）负责监督施工企业按合同约定，足额投入施工安全生产费用。按合同及相关规定对施工单位的安全措施费的使用情况进行监督、审核。

（7）对工程项目安全管理工作不称职的项目总监理工程师、安全监理人员、施工项目经理、安全管理人员，有权提出撤换的要求。

（8）制定工程项目安全文明施工总体策划方案并组织实施；批准施工项目部安全文明施工实施细则、工程施工强制性条文执行计划，批准监理项目部安全监理工作方案和强制性条文实施监理方案，并监督实施；制订年度基建安全管理工作策划方案并组织实施。

（9）提供工程项目安全文明施工的基本条件，完成四通一平（水、电、路、通信畅通及平整场地）；向施工项目部提供施工场地的工程地质和地下管网线路等资料，对资料的真实、准确、完整性负责；按照法律、法规规定，办理工程项目建设相关证件、批件；为施工现场周围建（构）筑物和地下管线提供保护。

（10）督促监理、设计、施工等项目参建企业严格履行相关合同中有关安全文明施工责任。对违反合同约定，造成不良后果的，依法追究相关责任。负责对监理、设计、施工项目部进行安全管理工作考核与评价。

（11）组织各参建单位贯彻落实国家电网公司、国网新源控股有限公司、基建项目单位有关基建安全工作的规定，决定工程项目安全管理的重大事项；协调解决工程建设中涉及多个参建单位的安全管理问题；组织安全例行检查、专项检查和随机检查活动，监督安全隐患闭环整改情况。

（12）组织或配合有关部门开展安全、环境保护设施竣工验收。监督检查监理单位对施工单位安全资质的审查工作；定期组织或参与安全大检查和专项安全检查，对施工单位的安全生产、职业健康工作进行考核与评价。

（13）参与并配合基建安全事故的调查处理工作。

（二）监理单位职责

（1）设立安全管理机构，配备足额合格安全管理专职人员，负责工程项目施工的安全监理工作，履行监理合同中承诺的安全监理职责。

（2）建立健全安全监理工作制度，编制监理规划，明确安全监理目标、措施、计划；编制安全监理工作方案，明确文件审查、安全检查签证、旁站和巡视等安全监理的工作范围、内容、程序和相关监理人员职责以及安全控制措施、要点和目标。

（3）编制强制性条文实施监理方案，审查项目管理实施规划（施工组织设计）中安全技术措施或专项施工方案是否符合工程建设强制性标准；审查施工项目部报审的安全文明施工实施细则、工程施工强制性条文执行计划等安全策划文件；审查项目施工过程中的风险、环境因素识别、评价及其控制措施是否满足适宜性、充分性、有效性的要求。

（4）负责审查施工单位（含分包单位）的安全资质、安全保证体系、安全监督体系及人员配备是否符合招标文件及工程建设管理的要求，对施工分包进行全过程监督；审查施工项目经理、专职安全管理人员、特种作业人员的上岗资格，监督其持证上岗。

（5）组织项目监理人员参加安全教育培训，督促施工项目部开展安全教育培训工作。

（6）检查现场施工人员及设备配置是否满足安全文明施工及工程承包合同的要求。

（7）负责施工机械、工器具、安全防护用品（用具）的进场审查。负责施工现场起重机械及卷扬提升系统、脚手架、安全文明设施验收，安全文明施工措施费实施项目的验收。

（8）审查安全文明施工措施费的使用计划，检查费用使用落实情况。

（9）协调交叉作业和工序交接中的安全文明施工措施的落实，对工程关键部位、关键工序、特殊作业和危险作业进行旁站监理。

（10）实施监理过程中，对发现的安全事故隐患，要求施工项目部整改；情况严重的，要求施工项目部暂时停止施工，并及时报告基建项目单位。督促检查责任单位安全隐患整改情况，实行闭环管理。

（11）组织或参加各类安全检查，掌握现场安全动态，收集安全管理信息，并在安全会议上点评施工现场安全现状以及存在的薄弱环节，提出整改要求和具体措施，督促责任方落实。

（12）负责安全监理工作资料的收集和整理，建立安全管理台账，并督促施工项目部及时整理安全管理资料。

（13）定期组织开展职业健康安全性评价活动，督促施工单位开展危险源（点）辨识，做好危险源（点）预测、预控工作；参加工程安全事故、性质严重的未遂事故的调查处理工作，督促施工单位按"四不放过"原则，在规定期限内，处理、统计、上报事故，并落实防止事故重复发生的措施。

（14）负责组织召开周安全例会、组织月度安全大检查和专项安全检查，参加安委会组织的安全检查工作。

（15）建立健全安全监理工作程序和台账，做好安全监理日志。负责编制监理安全月报、监理年度安全总结和安全工作计划，并及时上报基建项目单位。

（三）设计单位职责

（1）按照合同约定，依据国家法律、法规和有关设计规范、标准、工程建设标准强制性条文进行勘察设计，提供真实、准确、完整的勘察设计文件。

（2）明确项目实施范围内地面、地下建筑物、地下管线的具体情况，提交完整的工程所在地气象、水文、地质等相关资料，满足工程项目安全施工的需要。

（3）根据施工及运行安全操作和安全防护的需要，增加安全及防护设施内容设计，设计文件中要注明涉及施工安全的重点部位和环节及应采取的施工技术措施，提出防范安全事故的指导意见，特别是各标段或工序间衔接、多工种交叉作业中要考虑的不安全因素。

（4）对采用新结构、新材料、新工艺和特殊结构的工程项目，提出保障施工作业人员安全和预防安全事故的措施和建议。

（5）工程设计时考虑土石方堆放场地，制定避免水土流失措施、施工垃圾堆放及处理措施、"三废"（废弃物、废水、废气）及噪声等排放处理措施，使之符合国家、地方政府有关职业卫生和环境保护的要求。

（6）参与或配合基建安全事故的调查处理工作。

（四）调试单位职责

（1）严格在资质范围内承揽工程调试业务，配置现场专（兼）职安全管理人员。

（2）制定工程项目调试方案，落实调试安全技术措施，对工程调试过程中的安全负责。

（3）配合基建安全事件的调查处理工作。

（五）施工单位及其他相关单位职责

（1）按有关安全生产法律法规、行业规程规定和合同约定，对本单位安全生产、职业健康承担主体责任，负责合同工程项目的施工安全管理工作，履行施工合同及安全协议中承诺的安全职责，是项目施工安全的责任主体。

（2）依据基建项目单位的安全管理目标，制订施工项目部安全目标。

（3）按规定健全安全管理制度，建立安全管理台账；建立施工安全管理机构，按规定配备足额合格的专职安全管理人员。

（4）编制安全文明施工实施细则、工程施工强制性条文执行计划、安全文明施工措施费使用计划等文件，并报监理中心审查，经基建项目单位批准后，在施工过程中贯彻落实。严格按照有关规定及合同约定提取、使用安全生产所需费用，保证安全文明施工所需资金的投入。对合同规定的安全措施费要专款专用，不得挪作他用。

（5）严格执行安全教育培训制度，对新入场和变换岗位的作业人员进行安全教育培训，向作业人员如实告知作业场所和工作岗位可能存在的风险因素、防范措施以及事故现场应急处置措施；在采用新技术、新工艺、新设备、新材料时，对作业人员进行相应的安全生产教育培训。

（6）负责组织安全文明施工，制定避免水土流失措施、施工垃圾堆放与处理措施、"三废"（废弃物、废水、废气）处理措施、降噪措施等，使之符合国家、地方政府有关职业卫生和环境保护的规定。

（7）组建现场应急救援队伍，参与编制各类现场应急处置方案，进行应急演练。

（8）建立现场施工机械安全管理机构，配备施工机械管理人员，落实施工机械安全管理责任，对进入现场的施工机械和工器具的安全状况进行准入检查，并对施工过程中起重机械的安装、拆卸、重要吊装、关键工序进行旁站监督；负责施工队（班组）安全工器具的定期试验、送检工作。

（9）向作业人员提供符合规定要求的安全防护用具和安全防护服装；遵守有关职业健康保护方面的规定，在施工现场采取有效措施，防止或者减少粉尘、废气、废水、固体废物、噪声、振动和施工照明等对人和环境的危害和污染；监督检查施工队（班组）开展班前站班会工作。

（10）定期召开或参加安全工作会议，落实上级和工程安委会、基建项目单位、监理项目部的安全管理工作要求。

（11）开展并参加各类安全检查，对存在的问题闭环整改；对重复发生的问题，深入分析并制定防范措施，避免再次发生。

（12）组织参加安全管理流动红旗竞赛活动。

（13）按照国家电网公司、国网新源控股有限公司、基建项目单位关于分包管理规定，加强对分包队伍的安全管理，监督分包队伍完善安全管理机构、按规定配备安全管理人员。

（14）按照有关规定，建立健全安全管理台账，及时上报各种安全管理资料。及时准确上报基建安全信息，发生人身重伤、死亡和重大机械、重大火灾等事故时，施工单位除按隶属关系上报外，还必须按规定时限报告基建项目单位和监理单位。

（15）开展风险识别、评价工作，制订预控措施，并在施工中落实。

（16）参与并配合项目安全事故调查和处理工作。

第二节　安全生产保证体系

一、基建安全生产保证体系定义

参加工程建设的基建项目单位、设计单位、监理单位、调试单位、施工单位及设备供应商等，上到决策层、管理层，下到执行层，从领导到各个部门，再到各专业组、施工队、作业班组，直到所有参建单位的每一个岗位的人员，建立制度保证、组织保证、技术保证、人员保证、资金保证的安全工作体系，确保"全面动员、齐抓共管"，实现工程建设安全生产"闭环管理"，保障项目建设安全可控、能控。

（1）各参建单位均应建立以"一把手"为组长的安全生产领导小组，设置合理的管理机构，保障安全生产工作开展需要的人力资源、财物资源配备，为生产安全提供物资保证。

（2）各参建单位均应建立健全各级各类人员安全生产责任制和岗位责任制以及各项安全生产管理制度，为安全生产提供制度保证。

（3）各参建单位根据各自特点执行、应用、引用、借鉴各项规程、规定、办法，制订防洪、防火、防台风等措施，为安全生产提供技术保障。

（4）基建项目单位应建立以总经理、副总经理、部门正副主任，参建单位项目正副经理、书记、总工，参建单位部门正副主任（安质部除外）、技术员，参建单位施工队负责人、技术员组成的安全生产保证体系。

（5）保证体系的主要职责就是为生产安全提供制度、组织、技术、资源等保证，确保整个基建生产流程的安全稳定运行。

二、基建安全生产保证体系职责

同"基建安全生产责任体系职责"。

第三节　安全生产监督体系

一、基建安全生产监督体系定义

由基建项目单位总经理、安全监察质量部人员、专职安全员，监理中心总监、安全管理部门负责人、专职安全员，参建单位项目部项目经理和分管安全的经理、安全管理部门负责人、专职安全员、参建单位施工队专兼职安全员组成的安全生产监督体系。

二、基建安全生产监督体系职责

（1）负责监督项目单位各部门、各参建单位认真贯彻执行有关安全工作的方针、政策、规定、规程，行业和上级主管单位（部门）规章。

（2）负责建立健全本单位各种安全管理制度，指导各参建单位建立健全各种安全管理制度，督促监督建立各级各类人员安全生产责任制，落实各级人员安全责任，监督安全责任体系、保证体系正常运转，保证安全生产。

（3）负责深入现场及时了解、发现生产施工过程中威胁人身、设备安全的问题并协调解决。

（4）负责抓参建人员安全教育培训，按照《安全生产工作规定》的要求，按规定对各级各类人员进行安全教育培训，监督特种作业人员按要求参加国家或行业特种培训并取得相应资格。

（5）负责督促有关人员制订保证安全作业的安全技术措施，并按规定履行审批手续后方可开工，并监督作业过程中贯彻落实。

（6）负责做好危险点分析与预控和违章讲评，利用安全活动时间总结安全生产情况，重点讲评作业现场违章、不安全现象，通报近期事故案例或与工作任务有关的典型事故案例，分析实际工作中存在的危险点危险源和应重点防范的内容，结合具体施工情况研究应采取的组织和技术防范措施。

（7）负责突出做好现场监督，坚持用"三铁"反"三违"，坚决杜绝违章指挥和冒险蛮干行为。

（8）负责安全日常管理工作。

第二章

安全工作管理

|||||||||||||||||| 第一节　风险管理 ||||||||||||||||||

一、基建风险管理相关定义

（1）风险因素：风险因素是指一个系统中具有潜在能量和物质释放风险的、在一定的触发因素作用下可转化为事故的部位、区域、场所、空间、岗位、设备、装置及其状态。

（2）风险因素识别：识别风险因素的存在并确定其特性的过程。

（3）风险评估：评估风险大小以及确定风险是否容许的全过程。

（4）风险：是对某种可预见的风险情况发生的可能性和后果严重程度两个指标的综合描述。即是一个事故产生人们不希望的后果的可能性。风险不仅意味着风险的存在，还意味着风险发生有渠道和可能性。

（5）风险识别：识别风险因素的存在并确定其特性的过程。风险识别首先要确定风险因素的存在，然后确定风险因素的性质，即应识别出不同作业活动或设备的风险因素的种类与分布、伤害或损失产生的方式、途径和性质。

（6）风险控制：风险控制是针对施工现场作业和电网设备已识别出的风险因素和风险评价的结果，制定和实施消除、降低、控制风险的有效措施。风险控制应体现成本、利益、风险三者间的关系，要从最经济的角度来处理风险，选择最低成本、最佳效益、最大安全保障的方法，制定风险应对决策。

（7）风险管理：即运用系统的观念和方法研究风险与环境之间的关系，运用安全系统工程的理念，通过识别、评价、量化、分析风险，并在此基础上有效控制风险，用最经济合理的方法来综合处置风险，以实现最大安全保障和最经济的科学管理方法。

二、基建风险管理组织体系及职责

（一）组织体系

由基建项目单位、设计单位、监理单位、施工单位共同组成风险管理体系，成立基建安全风险管理组织机构。

（二）职责

1. 基建项目单位

（1）签订水电工程建设合同（设计、监理、施工等）时，明确施工安全风险管理责任条款，在施工过程中严格执行。

（2）编制项目《工程建设管理总体策划》时，明确安全风险管理要求，负责项目建设过程中安全风险管理要求的落实。

（3）工程开工前，负责组织项目设计单位对监理、施工项目部进行项目作业风险交底及风险点/源的初勘工作。

（4）审查、确认施工项目部编制的《三级及以上施工安全风险识别、评估、预控清册》及动态风险计算结果。

（5）对本工程二级及以上施工安全风险建立管理台账，并根据工程情况进行动态更新。

（6）指导、检查和通报监理及施工项目部在水电工程施工项目中开展施工安全风险管理的情况，及时解决执行中存在的问题。

（7）对风险施行动态管控。

（8）按周、月及时向国网新源控股有限公司（以下简称新源公司）报送施工安全风险管理信息、挂牌监督风险信息。

（9）每年组织开展次年度危险点/源辨识、风险评价与控制管理工作，形成年度工程建设《施工危险点/源辨识及预控措施》，并报送新源公司基建部。

（10）发布工程建设施工危险点/源辨识及预控措施。

（11）每年年末对年度危险点/源辨识、风险评价与控制管理工作进行总结分析。

（12）负责对本工程所有四级及以上作业风险实施挂牌监督。

（13）组织监督检查人员对挂牌风险管控情况按要求定期开展现场检查，对检查发现问题的整改工作进行跟踪落实。

2. 设计单位

（1）负责将项目环境（海拔、气象、水文、地质等）、工程主要特点和难点（洞室围岩、高边坡、竖/斜井开挖、地下洞室高边墙开挖、岩锚梁浇筑、地质灾害评价、重大物件吊装、机组充排水、度汛条件等）等内容写入设计文件，并进行安全风险交底。

（2）配合施工过程安全风险管理工作。

（3）每年更新一次危险点/源辨识清单。

3. 监理单位

（1）负责组织本项目部员工开展施工风险管理技能培训，确保监理人员熟悉施工安全风险管理流程并认真执行，及时完成相关工作。

（2）工程开工前，参与项目安全风险交底及危险点/源的初勘。

（3）审查施工项目部报送的《三级及以上施工安全风险识别、评估和预控清册》及动态风险计算结果。

（4）对本工程全部施工安全风险建立管理台账，并根据工程实际情况进行动态更新。

（5）严格控制三级及以上风险作业，三级及以上风险作业过程必须进行旁站监理。

（6）对《水电工程安全施工作业票》中风险控制要点执行情况、风险控制卡各项措施落实情况进行重点监督和检查，对存在问题及时提出整改意见并实现闭环管理。

（7）审查施工危险点/源辨识及预控措施。

（8）对施工单位危险点/源辨识、风险评价与控制工作进行监督检查和考核。

（9）参加新源公司对本工程建设施工危险点/源及控制措施的监督检查。对本工程所有三级及以上作业风险实施挂牌监督。

（10）按周、月及时向基建项目单位报送施工安全风险管理信息、挂牌监督风险信息。

4．施工单位

（1）施工项目部是现场施工安全风险识别、评估及控制的实施和责任主体，必须严格执行施工安全风险管理的各项规定。

（2）制定危险点/源辨识、风险评价与控制管理制度并实施。

（3）组织学习施工安全风险管理相关规章制度，确保施工项目部管理人员、施工人员熟悉施工安全风险管理流程及相关要求。

（4）编制本单位施工危险点／源辨识及预控措施并实施。

（5）开展现场初勘，确定本项目各工序固有风险。编制《施工安全风险识别、评估、预控清册》。

（6）作业前，根据人、机、环境和管理实际情况，计算确定作业动态风险等级，建立《三级及以上施工安全风险动态识别、评估和预控措施台账》，根据动态风险等级采取相应措施，报监理单位审核、项目单位备案。

（7）负责对二级及以上作业风险实施挂牌监督。

（8）三级及以上风险作业前，相关管理人员必须到岗到位。

（9）三级及以上风险作业必须填写《水电工程安全施工作业票》。同时，按照作业步骤填写《水电工程安全施工作业票》中的作业风险控制卡有关项目，并由工作负责人逐项确认。

（10）按周、月及时向基建项目单位报送施工安全风险管理信息、挂牌监督风险信息。

（11）参与配合新源公司对本工程建设施工危险点／源及控制措施的监督检查。

三、基建风险管理流程

风险管理流程：危险点／源辨识→风险评价→风险控制→风险管理考核。

（一）危险点／源辨识

（1）基建项目单位工程建设开工前 2 个月，基建项目单位安全监察质量部组织设计单位、监理单位、施工单位进行工程建设期危险点／源辨识工作。

（2）危险点／源辨识和风险评价应每年辨识和评价一次。

（3）每年12月末，基建项目单位安全监察质量部组织设计单位、监理单位、施工单位完成下一年度工程建设危险点／源辨识工作。

（4）各施工单位参照危险点／源辨识范围、危险点／源分类、危险点／源辨识方法，根据各自承包项目的施工特点进行危险点／源辨识，形成各自单位的《危险点／源一览表》。

（二）风险评价

（1）评价方法有经验判断法、LEC法。

（2）通过风险评价确定风险等级。

（三）风险控制

（1）施工项目部根据项目作业实际情况，在分项工程作业前按照《施工作业必备条件指标判定》对各工序作业施工必备条件进行判定，若出现不符合项，不得施工。

（2）二级及以下施工安全风险等级工序作业由施工项目部组织开展风险控制。

1）二级及以下固有风险工序作业前，施工项目部要复核各工序动态因素风险值，仍属二级风险的，按照常态安全管理组织施工。

2）二级及以下固有风险动态升级为三级及以上风险的，要采取措施尽可能降低至二级及以下风险。否则，按照三级以上等级风险控制办法组织实施。

（3）三级及以上施工安全风险控制管理。

1）三级及以上固有风险工序作业前，施工项目部要组织进行实地复测，填写《施工作业风险现场复测单》，按照动态安全风险等级确定方法，计算动态风险等级。

2）要优先采用针对性措施降低三级及以上施工工序风险等级。采取措施后仍然在三级及以上风险的，要严格执行《水电工程安全施工作业票》，制定"水电工程施工作业风险控制卡"，报监理单位审查、项目管理单位确认。

3）四级及以下固有风险经过动态修正后出现五级风险的，要通过改善作业人员、机械设备、材料、施工方法、环境、安全管理等六个维度中某些维度的条件，把风险等级降低为四级及以下之后，再行施工。

4）采取措施后仍然出现五级风险作业工序时，施工单位必须重新编制专项施工方案（含安全技术措施），项目管理单位组织专家进行方案论证，并报省级公司基建部备案。作业时各级管理人员要到岗到位，安全措施落实到位，条件不能满足时必须停止施工。

（4）施工项目部应建立"施工安全风险点/源管控公示牌"，公示各三级及以上风险的作业地点、作业内容、各方负责人、风险点/源、控制措施等，计划作业时间并及时更新，确保各级人员做到作业风险心中有数。

（5）三级及以上风险等级的施工工序，相关人员要按照《水电工程三级及以上施工安全风险管理人员到岗到位要求》进行作业监督检查，按作业步骤对风险控制卡进行逐项确认后，方可开展作业。

1）施工项目部作业负责人要在实际作业前组织对作业人员进行全员安全风险交底，安全风险交底与作业票交底同时进行并在作业票交底记录上全员签字。

2）在作业过程中，施工负责人按照作业流程对《水电工程安全施工作业票》中的作业风险控制卡逐项确认。

3）监理单位必须对作业进行旁站监理，并对《水电工程安全施工作业票》每班进行签字确认。

4）四级及以上风险等级作业时，若人、机、物、法、环等条件无变化，施工单位可以周为周期填写《水电工程安全施工作业票》，若人、机、物、法、环等条件变化时则施工单位在作业前须重新填写《水电工程安全施工作业票》。项目管理单位必须进行现场监督，并对每周或重新填写的作业票进行签字确认。

5）各级人员按要求加强对四级及以上风险等级作业现场的监督检查。

（6）特殊条件（暴雨、雷雨、大雾、冰雪等恶劣天气时的户外作业）下，经动态因素调整后，对风险等级低于二级的，考虑到作业条件的特殊性，应将风险等级按照三级及以上风险进行控制，极端情况下，应停止施工。

（7）施工项目部应根据施工进展，在特殊工种施工作业前，适时组建电工班、架子工班、起重队、爆破队等特殊工种专业班组，对特种作业实施专业化管理，明确项目施工所有特种作业必须由相应工种班组人员实施。

（四）风险管理监督与考核评价

（1）基建项目单位安全监察质量部对监理单位以及各施工单位，有关危险点/源辨识、风险评价、制定控制措施及落实情况，进行监督检查与考核，并纳入承包商评价。

（2）监理单位对各施工单位控制措施执行的过程和有效性进行监督检查和考核。

|||||||| 第二节 基建安全隐患排查治理 ||||||||

一、基建安全隐患定义

基建安全隐患指基建项目建设中违反安全生产法律、法规、规章、标准、规程、安全生产管理制度的规定，存在较高风险可能导致事故发生的作业场所、施工机具、作业过程的不安全状态、人的不安全行为和安全管理方面的缺失。

二、基建安全隐患来源及界定范围

（一）基建安全隐患来源

1. 作业场所的不安全状态

作业场所危险源未采取有效措施进行控制；作业场所未设置醒目的警示标识，作业场所未按规定配置相应的防护、检测设备设施；作业场所消防器材不满足要求；作业场所安全通道未保持畅通等。

2. 施工机具的不安全状态

施工机具产品不合格；施工机具损坏或故障；施工机具未通过定期检验和定期检验不合格；施工机具维护、保养不当等。

3. 作业场所中人的不安全行为

人员入场前未进行安全教育培训及考试；人员对作业场所的危险源及预控措施不熟悉；人员未配置或未正确使用相应的劳动防护用品等。

4. 施工机具操作人员的不安全行为

操作人员未按照安全规程操作；操作人员未使用必要的安全防护用具；操作人员未采取必要的环境保护措施；操作人员未掌握相应的应急预案等。

5. 作业过程人的不安全行为

人员安全意识或安全技能不能满足安全要求；在作业过程中对安全风险及控制措施不清楚；未按施工方案或作业指导书实施；带病作业等。

6. 作业场所安全管理缺失

作业场所安全环保设施未与主体工程同时设计、同时施工、同时投产使用；作业场所未明确划分危险等级，未建立责任区及明确管理人员职责等。

7. 施工机具安全管理缺失

未建立施工机具管理台账；未明确施工机具的检查要求；未明确施工机具相关培训要求；未审核施工机具维保、年审记录及相关作业人员的资质等。

8. 作业过程的管理缺失

未按规定编、审、批施工方案；未开展风险辨识或风险辨识不到位；未按规定开展安全技术交底；违规分包；安措费投入及使用违反规定；未按规定开展安全检查；应急预案严重缺失或未演练等；安全监管不到位等。

（二）基建安全隐患界定范围

（1）单个施工面出现三人及以上群体违章作业；

（2）现场施工设备或工器具等经检查连续出现两次及以上违反安全技术规程、规范或反事故措施要求；

（3）永久工程关键部位使用不合格材料（水泥、砂石料、钢材等）；

（4）未按规定存储、运输、使用危险化学品（火工品、易燃易爆品等）；

（5）制度执行等违反国家法律、法规有关要求，管理人员未履行岗位安全职责；

（6）施工方案或作业指导书违反安全技术规程要求；

（7）施工作业中主要安全措施未执行；

（8）地下洞室、受限空间等施工面环境监测（粉尘、放射源、有毒有害气体等）连续三日及以上不达标；

（9）已验收隐蔽工程、单位工程出现严重缺陷，不能立即停工整改。

三、基建安全隐患分级

基建安全隐患分为Ⅰ级重大事故隐患、Ⅱ级重大事故隐患、一般事故隐患和安全事件隐患四个等级，Ⅰ级重大事故隐患和Ⅱ级重大事故隐患合称"重大事故隐患"。安全隐患分级如下：

1. Ⅰ级重大事故隐患

Ⅰ级重大事故隐患指可能造成以下后果的安全隐患：

（1）10人及以上死亡，或者50人及以上重伤；

（2）重大及以上设备事故；

（3）水电站大坝溃决事件；

（4）特大交通事故，特大或重大火灾事故；

（5）重大以上环境污染事件。

2. Ⅱ级重大事故隐患

Ⅱ级重大事故隐患指可能造成以下后果或安全管理存在以下情

况的安全隐患：

（1）1 至 9 人死亡，或者 1 至 49 人重伤；

（2）较大设备事故，或一般设备事故中造成 100 万元以上直接经济损失的设备事件，或造成水电站大坝漫坝、结构物或边坡垮塌、泄洪设施或挡水结构不能正常运行事件；

（3）五级信息系统事件；

（4）重大交通，较大或一般火灾事故；

（5）较大或一般等级环境污染事件；

（6）安全管理隐患：安全监督管理机构未成立，安全责任制未建立，安全管理制度、应急预案严重缺失，安全培训不到位，水电站大坝未及时注册等。

3. 一般事故隐患

一般事故隐患指可能造成以下后果的安全隐患：

（1）无人员死亡和重伤，1 人及以上轻伤；

（2）四级至七级设备事件；

（3）六级至七级信息系统事件；

（4）一般交通事故，火灾（七级事件）；

（5）其他对社会造成影响事故的隐患。

4. 安全事件隐患

安全事件隐患指可能造成以下后果的安全隐患：

（1）八级设备事件；

（2）八级信息系统事件；

（3）轻微交通事故，火警（八级事件）。

四、基建安全隐患管理流程

隐患排查治理应纳入日常工作中，按照"排查（发现）→评估报告→治理（控制）→验收销号"的流程形成闭环管理。

1. 安全隐患排查（发现）

项目建设单位应组织参建单位排查、发现安全隐患，明确排查范围和方式方法，专项排查应制定排查方案。排查要充分发挥各参建单位作用，采取施工项目部、设计代表处自查，监理项目部、项目建设单位排查的方式开展，明确责任主体，落实职责分工，实行分级分类管理。排查范围应包括所有与工程项目相关的安全责任体系、管理制度、场所、环境、人员、设备设施和活动等。排查方式主要有：各级各类安全检查；专项隐患排查；各类专项验收；安全性评价或安全设施标准化查评；季节性（节假日）检查；危险源辨识或风险管控；已发生事故、异常、未遂、违章的原因分析，事故案例或安全隐患范例学习等。

2. 安全隐患评估报告

安全隐患等级由项目建设单位按照预评估、评估、认定三个步骤确定。对于发现的隐患应立即进行预评估，预评估原则上由监理项目部组织完成。初步判定为安全事件隐患的，项目建设单位业务部门应组织完成评估；初步判定为一般事故隐患的，项目建设单位安全监察质量部应组织完成评估；初步判定为Ⅱ级重大隐患的，项目建设单位安全监察质量部应视情况组织专家评估，并及时将情况报上级单位备案；初步判定为Ⅰ级重大隐患的，应立即报告上级单位，由上级单位组织评估、核定。

3. 安全隐患治理（控制）

安全隐患一经确定，应立即采取防止隐患发展的控制措施，分析其风险程度和后果严重性，项目建设单位应按照应急管理流程发布和解除预警。隐患所在单位应根据隐患具体情况和急迫程度，及时制定治理方案或措施，抓好隐患整改，按计划消除隐患，防范安全风险。

重大事故隐患治理应制定治理方案，由项目建设单位组织编制并通过专家评审（Ⅰ级重大隐患治理方案需经上级单位审查），相关资料报上级单位备案。重大事故隐患治理方案应包括：隐患的现状及其产生原因；隐患的危害程度和整改难易程度分析；治理的目标和任务；采取的方法和措施；经费和物资的落实；负责治理的机构和人员；治理的时限和要求；防止隐患进一步发展的安全措施和应急预案。

一般事故隐患治理应制定治理方案或管控（应急）措施，由监理项目部组织审核，项目建设单位相关部门参与，并报项目建设单位备案。

安全事件隐患应制定治理措施，监理项目部组织审核并报项目建设单位备案，项目建设单位业务部门予以配合。

安全隐患治理应结合年度工程建设计划等进行，做到责任、措施、资金、期限和应急预案"五落实"。

未能按期治理消除的重大事故隐患，经重新评估仍确定为重大事故隐患须重新制定治理方案，进行整改。

4．安全隐患治理验收销号

隐患治理完成后，隐患所在单位应及时报告有关情况、申请验收。上级单位组织对Ⅰ级重大隐患验收，项目建设单位组织对Ⅱ级重大事故隐患治理结果验收，监理项目部组织对一般事故隐患及安全事件隐患治理结果进行验收。

事故隐患治理结果验收后填写"重大、一般事故或安全事件隐患排查治理档案表"。重大事故隐患治理应有书面验收报告，定稿后报上级单位备案。

隐患所在单位对已消除并通过验收的应销号，整理相关资料，妥善存档；具备条件的应将书面资料扫描后上传至信息系统存档。

5．安全隐患定期评估

项目建设单位应组织开展定期评估，全面梳理、核查各级各类安全隐患，做到准确无误。定期评估周期为每月一次，可结合安委会会议、安全分析会等进行。

五、基建安全隐患管理要求

各施工项目部每日结合现场实际开展安全隐患自查工作，发现隐患应立即报告监理项目部。监理项目部按照安全隐患排查治理流程开展工作，重大事故隐患应立即报告项目建设单位。施工项目部在明确安全隐患治理责任后应做好控制和治理工作。

设计代表处结合工程设计、规程规范要求开展安全隐患自查工作，发现隐患应立即报告监理项目部和项目建设单位，跟踪和配合隐患排查治理工作。

监理项目部应每周开展安全隐患排查工作，对工程建设安全进行检查，及时发现安全隐患，监督各施工项目部落实安全隐患排查治理责任，汇总各施工项目部、设计项目部发现的安全隐患，并按照安全隐患排查治理流程开展工作，定期在监理例会上通报隐患排查治理工作情况。

项目建设单位应每月结合日常工作、专项检查或督查等组织开展安全隐患排查工作，落实隐患排查治理工作，监督各参建单位落实隐患排查治理责任，做好隐患排查治理全过程管控。

安全隐患应做到"一患一档"，隐患档案应包括以下信息：隐患简题、隐患来源、隐患内容、隐患编号、隐患所在单位、专业分类、归属职能部门、评估等级、整改期限、整改完成情况等。隐患排查治理过程中形成的传真、会议纪要、正式文件、治理方案、验收报告等也应归入隐患档案。

第三节 应急管理

一、应急管理相关定义

1. 应急管理

应急管理是指在突发事件事前预防、事发应对、事中处置和善后管理中，通过建立必要的应对机制，采取一系列必要措施，保障安全的有关活动。

2. 突发事件

突发事件是指突然发生，造成或者可能造成严重危害，需要采取应急处置措施予以应对的自然灾害、事故灾难、公共卫生事件和社会安全事件。按照危害程度、影响范围等因素，突发事件分为特别重大、重大、较大、一般四级。

3. 应急预警

应急预警指为了有效地预防和应对突发事件，对突发事件征兆进行监测、识别、分析与评估，预测突发事件发生的时间、空间和强度，并依据预测结果在一定范围内发布相应警报，提出相应应急建议的行动。根据突发公共事件发生的危害程度、紧急程度和发展态势，预警分为一级预警（红色）、二级预警（橙色）、三级预警（黄色）和四级预警（蓝色）。

4. 应急响应

应急响应是指根据突发公共事件的等级、影响的范围、严重程度和事发地的应急能力所划定的应急响应等级，应急响应分为一级响应、二级响应、三级响应、四级响应，与突发事件等级相对应。

5. 应急预案

应急预案是指面对突发事件的应急管理、指挥、救援计划。

二、应急管理组织体系及职责

（一）组织体系

基建项目单位、设计单位、监理单位、施工单位共同组成应急管理组织体系。

基建项目单位应急组织机构：由应急指挥部（安全生产委员会）、应急办公室（安全生产委员会办公室）和应急工作组（各参建单位应急工作组）组成。

（二）职责

1. 基建项目单位

（1）建立基建项目应急管理组织体系，成立基建项目应急管理组织机构（应急领导小组和应急办公室）。

（2）编制应急工作计划并备案；编制、评审、发布总体预案、专项预案和现场处置方案并备案。

（3）组织开展应急准备与响应及应急处置和救援工作。

（4）组织开展应急预案的修订、培训、演练工作。

（5）监督及评价各参建单位应急管理工作部门。

（6）应急办公室编制年度《××××应急工作年度计划》，经审核、批准后于每年的第一季度提交上级单位备案。

（7）建立应急队伍、建设应急指挥中心。

（8）开展应急培训与演练。

（9）采购应急物资。

（10）开展应急值班工作。

2．监理单位

（1）审核施工单位应急管理体系及组织机构、队伍建设。

（2）审核施工单位应急培训及演练计划并监督实施。

（3）参与项目管理单位或施工单位组织的应急培训及演练。

（4）检查施工单位应急物资。

（5）监督施工单位开展应急工作。

3．施工单位职责

（1）编写、完善本单位的应急管理预案并定期修订。

（2）建立应急救援体系、组织、配备应急救援人员、器材和设备。

（3）参与应急办公室组织的应急演练。

（4）参与应急指挥部组织的应急响应。

（5）制定应急培训演练计划，并按计划开展应急培训与演练。

（6）开展应急值班工作。

三、应急管理流程

预警→应急响应→应急工作开展→应急结束。

四、应急预案体系

应急预案由总体应急预案、专项应急预案、现场处置方案组成（参见表 2-1 和表 2-2）。总体应急预案是组织管理、指挥协调突发事件处置工作的指导原则和程序规范，是应对各类突发事件的综合性文件；专项应急预案是针对具体的突发事件、危险源和应急保障制定的计划或方案；现场处置方案是针对特定的场所、设备设施、岗位，在详细分析现场风险和危险源的基础上，针对典型的突发事件，制定的处置措施和主要流程。

应急预案每三年进行一次修订。应急预案须向所在地方政府安监部门、能源局片区监管处以及上级单位安全监察质量部备案。

表 2-1　　　　　　　　　　总体应急预案

分类		应急预案名称	处置的内容	配备原则	编制依据
综合类		总体应急预案	明确组织管理、指挥协调突发事件处置工作的指导原则和程序规范，是应对各类突发事件的综合性文件	各单位应编制	1.应急管理相关法规规范； 2.企业应急管理相关制度文件； 3.直接上级单位总体应急预案
自然灾害类	一	防汛应急预案	用于处置暴雨、洪水等自然灾害造成的，设施设备严重损坏或重要设施设备损坏事件	各单位应编制	1.应急管理相关法规规范； 2.本单位应急管理相关制度文件； 3.本单位总体应急预案； 4.直接上级单位对应的相关专项应急预案
	二	台风灾害处置应急预案	用于处置台风等自然灾害造成的，设施设备严重损坏或重要设施设备损坏事件	沿海省份地区应编制	

续表

分类		应急预案名称	处置的内容	配备原则	编制依据
自然灾害类	三	雨雪冰冻灾害处置应急预案	用于处置暴雪、雨雪冰冻、龙卷风、大雾等自然灾害造成的,设施设备严重损坏或重要设施设备损坏事件	根据所在地常年气象记录,最低气温在零度以下的单位应编制	
	四	地震地质等灾害处置应急预案	用于处置地震、泥石流、山体崩塌、滑坡、地面塌陷等灾害以及其他不可预见灾害造成的,设施设备严重损坏或重要设施设备损坏事件	各单位应编制	
事故灾难类	五	人身伤亡事件处置应急预案	用于处置出现的人员伤亡事件,以及因生产经营场所发生火灾造成的人员伤亡事件	各单位应编制	
	六	道路交通事故处置应急预案	用于处置交通中出现的人员伤亡事件	各单位应编制	
	七	全厂停电事故处置应急预案	用于处置全厂停电事件	各单位倒送电开始前应完成编制	
	八	设备事故处置应急预案	用于处置重要设施设备损坏事件(包括办公楼、厂房等)	各单位倒送电开始前应完成编制	
	九	生产构建筑物坍塌应急预案	用于处置生产构建筑物坍塌事件	各单位应编制	
	十	生产经营区域火灾处置应急预案	用于处置工作中出现的因火灾(包括森林火灾)造成的生产经营场所房屋及设备损坏事件	各单位应编制	

续表

分类	应急预案名称		处置的内容	配备原则	编制依据
事故灾难类	十一	网络信息系统突发事件处置应急预案	用于处置对本单位构成损失和影响的各类网络与信息安全事件	各单位相关系统正式投运之前应完成编制	
	十二	通信系统事故处置应急预案	用于处置对本单位构成损失和影响的各类通信安全事件	各单位相关系统正式投运之前应完成编制	
	十三	环境污染事件处置应急预案	用于处置发生的各类环境污染事件(如硫酸、盐酸、烧碱及其他有毒、腐蚀性物资在运输、储存和使用过程中发生大量泄漏事故,造成土壤、水源、空气污染。剧毒化学药品处置不当等造成土壤、水源污染。油料大量泄漏造成水源、土壤污染。)	各单位应编制	
	十四	水电厂大坝垮塌事件处置应急预案	用于处置水电厂大坝垮塌事件	各单位水库蓄水之前应完成编制	
	十五	水淹厂房事件处置应急预案	用于处置水电厂水淹厂房事件	各单位水库蓄水之前应完成编制	
公共卫生事件类	十六	突发公共卫生事件处置应急预案	用于社会发生国家卫生部规定的传染病疫情情况下,本单位的应对处置,以及本单位内部人员感染疫情事件的处置	各单位应编制	

续表

分类	应急预案名称	处置的内容	配备原则	编制依据
社会安全事件类	十七 重要保电事件应急预案	用于国家、社会重要活动、特殊时期的电力供应保障，以及处置国家社会出现严重自然灾害、突发事件，政府要求在电力供应方面提供支援的事件	各单位首台机正式投运之前应完成编制	
	十八 火工品流失事件处置应急预案	用于处置火工品流失事件	各单位存在涉及火工品使用的施工项目时应编制	
	十九 社会公共安全突发事件处置应急预案	用于处置本单位内外部人员群体上访、封堵、冲击本单位生产经营办公场所；及本单位内部或与本单位有关的人员，群体到政府相关部门上访、封堵、冲击政府办公场所事件	各单位应编制	
	二十 新闻突发事件处置应急预案	用于本单位内部某些突发事件信息向社会的及时发布，以及本单位对社会涉电突发事件及时做出的公开反应、说明、表态等	各单位应编制	
	二十一 涉外突发事件处置应急预案	用于处置本单位在外人员出现的人身安全受到严重威胁事件（如被绑架、扣留、逮捕等）事件，以及在本单位工作的外国人在华工作期间发生的人身安全受到严重威胁或因触犯法律受到惩处事件	各单位应编制	

表 2-2　　　　　　　　　　　　　专项应急预案

序号	专项应急预案名称	现场应急处置方案名称	基本内容	配置原则	编制依据
1	防汛应急预案	雨水倒灌厂房等重要部位现场应急处置方案	雨水倒灌厂房等重要部位时的现场应急处置措施	各单位应编制	1. 相关专业的安全技术规范； 2. 本单位应急管理相关制度文件； 3. 本单位相应的专项应急预案； 4. 现场实际情况
2		超设计标准洪水现场应急处置方案	水库出现超设计标准洪水时的现场处置方案	各单位水库蓄水之前应编制	
3		防洪设备设施异常现场应急处置方案	洪水来临时防洪设备设施异常的现场应急处置措施	存在防洪设施的各单位在水库蓄水前应编制	
4		局地暴雨现场应急处置方案	局地发生暴雨时的现场应急处置措施	各单位应编制	
5	台风灾害处置应急预案	重要部位（上库、开关站等）台风现场应急处置方案	台风来临时重要部位（上库、开关站等）遭遇险情的现场应急处置措施	根据电站所在地常年气象记录，有可能受台风影响的单位应编制	
6		公路高边坡台风现场应急处置方案	台风来临时公路高边坡遭遇险情的现场应急处置措施	根据电站所在地常年气象记录，有可能受台风影响的单位应编制	
7	雨雪冰冻灾害处置应急预案	因冰冻无法操作现场应急处置方案	因冰冻造成设备无法操作时的现场应急处置措施	根据电站所在地常年气象记录，最低气温在零度以下的单位应编制	
8		因冰冻、大雪交通中断现场应急处置方案	因冰冻、大雪造成交通中断时的现场应急处置措施	根据电站所在地常年气象记录，最低气温在零度以下的单位应编制	

续表

序号	专项应急预案名称	现场应急处置方案名称	基本内容	配置原则	编制依据
9	地震地质等灾害处置应急预案	地震灾害现场应急处置方案	地震灾害发生时的现场应急处置措施	各单位应编制	
10		地质灾害现场应急处置方案	地质灾害发生时的现场应急处置措施	各单位应编制	
11	人身伤亡事件处置应急预案	人身伤害现场应急处置方案	高处坠落、机械伤害、物体打击等人身伤害发生时的现场应急处置措施	各单位应编制	
12		触电伤亡事故现场应急处置方案	人员触电时的现场应急处置措施	各单位应编制	
13		火灾伤亡事故现场应急处置方案	火灾造成的人员伤亡的现场应急处置措施	各单位应编制	
14		溺水伤亡事故现场应急处置方案	人员溺水时的现场应急处置措施	各单位应编制	
15	道路交通事故处置应急预案	交通事故现场应急处置方案	交通事故现场应急处置措施	各单位应编制	
16	全厂停电事故处置应急预案	全厂停电事故现场应急处置方案	全厂停电事故发生时的现场应急处置措施	各单位首台机投运前应编制	
17	设备事故处置应急预案	发电机着火现场应急处置方案	发电机着火时的现场应急处置措施	各单位首台机投运前应编制	
18		主变压器爆炸现场应急处置方案	主变压器爆炸时的现场应急处置措施	各单位首台机投运前应编制	
19		高压电气设备爆炸现场应急处置方案	高压电气设备爆炸时的现场应急处置措施	各单位首台机投运前应编制	

续表

序号	专项应急预案名称	现场应急处置方案名称	基本内容	配置原则	编制依据
20	设备事故处置应急预案	特种设备事故现场应急处置方案	起重设备、电梯、压力容器等特种设备发生事故时的现场应急处置措施	各单位应编制	
21		SF_6泄漏现场应急处置方案	SF_6气体发生泄漏时的现场应急处置措施	存在SF_6设备的单位应编制；各单位首台机投运前应编制	
22	生产构建筑物坍塌应急预案	生产建筑物坍塌现场应急处置方案	生产建筑物坍塌后的现场应急处置措施	各单位相关设施交付使用前应编制	
23		弃渣场出现造词滑坡或塌陷现场应急处置方案	弃渣场出现滑坡或塌陷时的现场应急处置措施	各单位应编制	
24	生产经营区域火灾处置应急预案	重要生产场所火灾事故处置方案	××区域（重要生产场所）发生火灾时的现场处置措施	各单位应编制	
25		山林着火现场应急处置方案	电站附近山林发生火灾时的现场处置措施	各单位应编制	
26	网络信息系统突发事件处置应急预案	信息内网故障现场处置应急方案	信息内网发生故障时的现场处置措施	各单位相关系统正式投运之前应编制	
27		机房空调系统故障现场处置应急方案	机房空调系统发生故障时的现场处置措施	各单位相关系统正式投运之前应编制	
28		机房电源系统故障现场处置应急方案	机房电源系统发生故障时的现场处置措施	各单位相关系统正式投运之前应编制	
29		存储系统故障现场处置应急方案	信息存储系统故障时的现场处置措施	各单位相关系统正式投运之前应编制	

续表

序号	专项应急预案名称	现场应急处置方案名称	基本内容	配置原则	编制依据
30	通信系统事故处置应急预案	电厂调度通信中断现场应急处置方案	电厂调度通信中断时的现场应急处置措施	各单位首台机正式投运之前应编制	
31		电站对外通信全部中断现场应急处置方案	电站对外通信全部中断时的现场处置措施	各单位首台机正式投运之前应编制	
32	环境污染事件处置应急预案	油品泄露污染水源现场应急处置方案	发生油品泄漏污染当地水源时的现场处置措施	水库为当地饮用水水源地的应编制	
33		污水排放污染现场应急处置方案	发生污水排放污染事件时的现场处置措施	各单位应编制	
34	水电厂大坝垮塌事件处置应急预案	上游水库垮坝现场应急处置方案	上游水库垮坝时本单位现场应急处置措施	各单位水库蓄水之前应编制	
35		大坝漫坝现场应急处置方案	大坝发生漫坝时的现场应急处置措施	各单位水库蓄水之前应编制	
36	水淹厂房事件处置应急预案	厂房排水系统异常现场应急处置方案	厂房渗漏排水设备或自流排水洞异常导致无法排水或排水不畅时的现场应急处置措施	各单位首台机正式投运之前应编制	
37		关键管路（阀门）破裂现场应急处置方案	关键管路（阀门）破裂时的现场处置措施	各单位首台机正式投运之前应编制	
38	突发公共卫生事件处置应急预案	食物中毒现场应急处置方案	员工在厂内发生食物中毒事件时的应急处置措施	各单位应编制	
39		传染病现场应急处置方案	员工出现传染病时的现场应急处置措施	各单位应编制	
40	重要保电事件应急预案	保电期内设备缺陷处置现场应急处置方案	保电期内发生设备缺陷时的现场处置措施	各单位首台机正式投运之前应编制	

续表

序号	专项应急预案名称	现场应急处置方案名称	基本内容	配置原则	编制依据
41	重要保电事件应急预案	保电期内安保设施缺陷处置现场应急处置方案	保电期内安保设施（人防/物防/技防）发生故障的现场处置措施	各单位首台机正式投运之前应编制	
42		应对恐怖袭击事件现场应急处置方案	出现恐怖袭击事件时的现场应急处置措施	各单位首台机正式投运之前应编制	
43		防空应急现场应急处置方案	发生空袭或出现空袭警报时的现场处置措施	根据《国网新源控股有限公司关于推进人民防空工作的指导意见》（新源安质〔2015〕196号）执行	
44	火工品流失事件处置应急预案	火工品流失现场应急处置方案	火工品发生流失时的现场应急处置措施	各单位存在涉及火工品使用的施工项目时应编制	
45	社会公共安全突发事件处置应急预案	职工上访现场应急处置方案	发生职工上访事件时的现场应急处置措施	各单位应编制	
46		当地群众聚集现场应急处置方案	发生群众聚集事件时的现场处置措施	各单位应编制	
47	新闻突发事件处置应急预案	媒体突击采访现场应急处置方案	新闻媒体突击采访时的现场处置措施	各单位应编制	
48		负面舆情报道现场应急处置方案	媒体出现关于本单位负面报道时的现场处置措施	各单位应编制	
49	涉外突发事件处置应急预案	涉外人员人身安全受到威胁现场应急处置方案	涉外人员（外籍人员在本单位工作期间或本单位人员因公/因私在国外期间）人身安全受到威胁（含伤亡）时的现场处置措施	各单位应编制	

五、应急培训、演练

（1）将每年的应急培训计划纳入公司年度培训计划管理。

（2）应急办公室应定期组织应急演练和应急培训工作。

（3）培训前做好培训讲师、培训内容的充分准备。

（4）演练前编制演练方案，做好充分准备。

（5）演练结束后进行总结和评估，对演练效果，应急预案的科学合理性进行全面总结，并由演练单位依据总结结论及时对演练的应急预案进行修改完善。

（6）每次演练或培训都进行详细记录，记录参加人员、活动时间、具体内容、活动方式、活动结果等内容。

（7）安全监察质量部每年初制订《××××应急工作年度计划》，包含应急演练、培训等，并报公司上级单位备案。演练包括实战演练、程序性演练、检验性演练和桌面演练。

（8）安全监察质量部组织各参建单位对应急预案的学习与培训，使全体参建人员了解预案内容、提高自救能力、掌握处置方法。

（9）基建项目单位应急办公室应按照公司年度安全教育培训计划的安排，根据季节和工程进程情况组织应急预案演练活动，保持《应急预案演练记录》。

（10）应急预案演练结束后，应急指挥部组织进行演练情况的总结和评价，应急办公室根据总结和评价结果对相应应急预案进行修订完善。

六、突发事件处置

（一）预防和应急准备

（1）建立健全突发事件风险评估、隐患排查治理常态机制，掌握各类风险、隐患情况，落实防范和处置措施，减少突发事件发生，减轻或消除突发事件影响。

（2）与当地气象、水利、国土、交通、消防等政府专业部门建立信息沟通机制，提高预警和处置的科学性。

（3）每年对各单位开展应急能力评估，客观、科学的评估应急能力的状况、存在的问题，指导各单位有针对性开展应急体系建设。

（二）监测和预警

（1）及时汇总分析突发事件风险，对发生突发事件的可能性及其造成的影响进行分析，并不断完善突发事件监测网络。

（2）预警事件发生后，事件单位安全应急办公室，应迅速判断事件性质，并按照相关预案要求发布预警信息。二级（橙色）及以上预警事件，应立即向公司应急办公室和相应的应急工作组报警。二级（橙色）以下的预警事件，由事发单位自行处置。

（3）公司应急办公室或有关职能管理部门接到公司各有关单位预警信息，或收到政府相关部门预警通知、气象部门灾害天气预报后，立即汇总相关信息，分析研判，提出公司预警发布建议，经公司应急领导小组批准后由应急办公室负责发布。

（4）预警事件发生后，应按照相关应急预案规定，及时采取相应处置措施。

（5）应急预警发布、处置措施、预警结束、信息报告等要求按照公司有关应急预案执行。

（三）应急处置和救援

（1）发生突发事件，事发单位首先要做好先期处置，营救被困人员，防止事故扩大。

（2）事件发生后，事发单位应根据事件性质、级别，启动相关应急预案相应等级应急响应，按预案开展处置工作，同时应汇报公司应急办公室及相关职能部门。

（3）公司应急办公室或相关职能部门接到相关单位突发事件信息，收到上级单位或政府相关部门事件信息通报，或根据预警期事态发展趋势，应立即组织分析研判，及时向公司应急领导小组报告，并提出应急响应建议。原则上，一级响应由公司总经理宣布启动，二级响应由公司分管领导或业务主管领导宣布启动，三级和四级响应由公司应急办公室主任宣布启动。

（4）公司启动应急响应后，业务主管部门在公司应急领导小组领导下负责牵头按照相关应急预案开展应急处置工作，相关部门和人员应做好配合工作。

（5）突发事件超出事发单位处置能力范围，事发单位可向公司申请区域应急基干分队、应急抢修队伍、应急专家等进行抢险增援。

（6）根据需要启动两级应急指挥中心开展会商和应急值班。

（7）应急响应启动、处置措施、信息报告、舆情监控和信息披露、响应结束等要求按照相关应急预案执行。

（四）事后恢复和重建

（1）突发事件结束后，积极组织人员尽快清理现场，检修受损设备，做好伤亡人员的善后工作，尽快恢复生产。

（2）协助有关部门进行事故调查，并按照相关规定将事故总结报告和处置情况报送公司应急办公室及当地政府相关部门。

（3）组织对突发事件的起因、性质、影响、经验教训和恢复重建等问题进行调查评估，提出防范和改进措施，并向公司应急领导小组报告。

第四节　事故调查

一、事故调查相关定义

1. 事故

事故是指生产经营活动中发生的造成人身伤亡或者直接经济损失的事件。

2. 事故调查

事故调查是指事故发生后，调查事故经过、事故原因和事故损失，查明事故性质，认定事故责任，总结事故教训，提出整改措施，并对事故责任者依法追究责任。

3. 事故等级分类

依据《生产安全事故报告和调查处理条例》（国务院令第493号），事故等级分为以下几类：

（1）特别重大事故，是指造成30人以上死亡，或者100人以上重伤（包括急性工业中毒，下同），或者1亿元以上直接经济损失的事故；

（2）重大事故，是指造成10人以上30人以下死亡，或者50人以上100人以下重伤，或者5000万元以上1亿元以下直接经济损失的事故；

（3）较大事故，是指造成3人以上10人以下死亡，或者10人以上50人以下重伤，或者1000万元以上5000万元以下直接经济损失的事故；

（4）一般事故，是指造成3人以下死亡，或者10人以下重伤，或者1000万元以下直接经济损失的事故。

注：事故等级分类表述数字包含本数。

二、事故报告

（1）事故发生后，事故现场有关人员应当立即向本单位负责人报告；单位负责人接到报告后，应当于1小时内向事故发生地县级以上人民政府安全生产监督管理部门和负有安全生产监督管理职责的有关部门报告。

情况紧急时，事故现场有关人员可以直接向事故发生地县级以上人民政府安全生产监督管理部门和负有安全生产监督管理职责的有关部门报告。

（2）发生基建原因引起的六级及以上人身、电网和设备事故，工程项目管理单位、施工单位、监理单位应在1小时内上报省公司级单位基建管理部门，同时在24小时内上报事故书面材料。省公司级单位基建管理部门应在收到事故报告1小时内，向同级安全质量监察部门和行政值班机构报告。

（3）发生基建原因引起的五级及以上人身、电网和设备事故，省公司级单位基建管理部门在收到事故报告后1小时内，上报国网基建部，同时在24小时内上报事故书面材料。

（4）事故报告应当及时、准确、完整，任何单位和个人对事故不得迟报、漏报、谎报或者瞒报。

事故发生后，应立即向本单位负责人报告

（5）报告事故应当包括下列内容：

1）事故发生单位概况；

2）事故发生的时间、地点以及事故现场情况；

3）事故的简要经过；

4）事故已经造成或者可能造成的伤亡人数（包括下落不明的人数）和初步估计的直接经济损失；

5）已经采取的措施；

6）其他应当报告的情况。

（6）特种设备发生事故的，还应当同时向特种设备安全监督管理部门报告。事故发生单位负责人接到事故报告后，应当立即启动事故相应应急预案，或者采取有效措施，组织抢救，防止事故扩大，减少人员伤亡和财产损失。

（7）事故发生后，有关单位和人员应当妥善保护事故现场以及相关证据，任何单位和个人不得破坏事故现场、毁灭相关证据。

因抢救人员、防止事故扩大以及疏通交通等原因，需要移动事故现场物件的，应当做出标志，绘制现场简图并做出书面记录，妥善保存现场重要痕迹、物证。

三、事故调查

（1）事故调查处理应当按照科学严谨、依法依规、实事求是、注重实效的原则，及时、准确地查清事故原因，查明事故性质和责任，总结事故教训，提出整改措施，并对事故责任者提出处理意见。

（2）事故调查应当严格执行国家、行业和公司的有关规定和程序，依据事故等级分级组织调查。对于由国家和政府有关部门、公司系统上级单位组织的调查，事故发生单位应积极做好各项配合工作。

（3）特别重大事故由国务院或者国务院授权有关部门组织事故调查组进行调查。

重大事故、较大事故、一般事故分别由事故发生地省级人民政府、设区的市级人民政府、县级人民政府负责调查。省级人民政府、设区的市级人民政府、县级人民政府可以直接组织事故调查组进行调查，也可以授权或者委托有关部门组织事故调查组进行调查。

未造成人员伤亡的一般事故，县级人民政府也可以委托事故发生单位组织事故调查组进行调查。

（4）事故调查组履行下列职责：

1）查明事故发生的经过、原因、人员伤亡情况及直接经济损失；

2）认定事故的性质和事故责任；

3）提出对事故责任者的处理建议；

4）总结事故教训，提出防范和整改措施；

5）提交事故调查报告。

（5）事故调查组有权向有关单位和个人了解与事故有关的情况，并要求其提供相关文件、资料，有关单位和个人不得拒绝。

事故发生单位的负责人和有关人员在事故调查期间不得擅离职守，并应当随时接受事故调查组的询问，如实提供有关情况。

事故调查中发现涉嫌犯罪的，事故调查组应当及时将有关材料或者其复印件移交司法机关处理。

（6）事故调查报告应当包括下列内容：

1）事故发生单位概况；

2）事故发生经过和事故救援情况；

3）事故造成的人员伤亡和直接经济损失；

4）事故发生的原因和事故性质；

5）事故责任的认定以及对事故责任者的处理建议；

6）事故防范和整改措施。

事故调查报告应当附具有关证据材料。事故调查组成员应当在事故调查报告上签名。

（7）任何单位和个人不得阻挠和干涉对事故的报告和调查处理。任何单位和个人对隐瞒事故或阻碍事故调查的行为有权向公司系统各级单位反映。任何单位和个人不得故意破坏事故现场，不得伪造、隐匿或者毁灭相关证据。

（8）工会有权依法参加事故调查，向有关部门提出处理意见，并要求追究有关人员的责任。

（9）应按照相关规定做好事故资料的收集、整理、信息统计和存档工作，并按时向上级相关单位提交事故报告（报表）。

四、事故处理

（1）重大事故、较大事故、一般事故，负责事故调查的人民政府应当自收到事故调查报告之日起 15 日内做出批复；特别重大事故，30 日内做出批复，特殊情况下，批复时间可以适当延长，但延长的时间最长不超过 30 日。

（2）有关机关应当按照人民政府的批复，依照法律、行政法规规定的权限和程序，对事故发生单位和有关人员进行行政处罚，对负有事故责任的国家工作人员进行处分。

（3）事故发生单位应当按照负责事故调查的人民政府的批复，对本单位负有事故责任的人员进行处理。负有事故责任的人员涉嫌犯罪的，依法追究刑事责任。

（4）故发生单位应当认真吸取事故教训，落实防范和整改措施，防止事故再次发生。防范和整改措施的落实情况应当接受工会和职工的监督。

（5）安全生产监督管理部门和负有安全生产监督管理职责的有关部门应当对事故发生单位落实防范和整改措施的情况进行监督检查。

（6）事故发生单位应认真落实事故调查处理结论和整改措施要求，在征得事故调查组的同意后，组织事故现场的处理与恢复。同时应吸取教训，认真组织举一反三的整改，杜绝类似事故的发生，并应做好事故资料的收集、整理、统计和存档工作。

第三章
基建管理岗位安全管理
知识和技能

明确基建单位各级人员岗位安全管理技能是能够掌握、熟悉并落实国家、行业有关法律、法规，执行国家电网公司安全职责规范的具体体现。抽水蓄能电站在高新安全技术装备方面的大量使用，对从业人员的安全生产意识和安全技能提出了更高的要求，不同工作岗位人员需要具有系统的安全知识，熟悉的安全生产技能，以及对不安全因素和事故隐患、突发事故的预想、处理能力的经验。各级人员的安全素质如何，直接关系到公司安全生产水平状况。因此，各级人员为了更好地履行岗位安全职责就必须掌握与本岗位匹配的安全知识和技能。

《安全生产法》第二十五条规定：生产经营单位应当对从业人员进行安全生产教育和培训，保证从业人员具备必要的安全生产知识，熟悉有关的安全生产规章制度和安全操作规程，掌握本岗位的安全操作技能，了解事故应急处理措施，知悉自身在安全生产方面的权利和义务。未经安全生产教育和培训合格的从业人员，不得上岗作业。

第一节　分管生产副总经理安全管理知识和技能

一、应掌握的安全管理知识

1. 应了解国家涉及安全生产相关的法律、法规

（1）了解《中华人民共和国安全生产法》相关内容。

（2）了解《中华人民共和国防洪法》相关内容。

（3）了解《中华人民共和国特种设备安全法》相关内容。

（4）了解《中华人民共和国消防法》相关内容。

（5）了解《中华人民共和国职业病防治法》相关内容。

（6）了解《中华人民共和国道路交通安全法》相关内容。

（7）了解《中华人民共和国突发事件应对法》相关内容。

（8）了解《中华人民共和国防汛条例》相关内容。

（9）了解《建设工程安全生产管理条例》相关内容。

（10）了解《生产安全事故报告和调查处理条例》相关内容。

（11）了解《电力安全事故应急处置和调查处理条例》相关内容。

（12）了解《中华人民共和国劳动法》相关内容。

2. 应熟悉行业各相关监管部门管理规定

（1）熟悉国务院令第393号《建设工程安全生产管理条例》相关内容。

（2）熟悉国务院令第78号《水库大坝安全管理条例》相关内容。

（3）熟悉国务院令第394号《地质灾害防治条例》相关内容。

（4）熟悉国务院令第239号《电力设施保护条例》相关内容。

（5）熟悉国务院令第115号《电网调度管理条例》相关内容。

（6）熟悉国务院令第493号《生产安全事故报告和调查处理条例》相关内容。

（7）熟悉国务院令第599号《电力安全事故应急处置和调查处理条例》相关内容。

（8）熟悉国务院令第586号《工伤保险条例》相关内容。

（9）熟悉国务院令第591号《危险化学品安全管理条例》相关

内容。

（10）熟悉发改委令（第 28 号）《电力建设工程施工安全监督管理办法》相关内容。

（11）熟悉国能安全〔2014〕205 号《电力安全事件监督管理规定》相关内容。

（12）熟悉电监安全〔2009〕61 号《电力企业应急预案管理办法》相关内容。

（13）熟悉电监会令第 3 号《水电站大坝运行安全管理规定》相关内容。

（14）熟悉国办发〔2013〕101 号《突发事件应急预案管理办法》相关内容。

（15）熟悉国务院第 549 号《特种设备安全监察条例》相关内容。

（16）熟悉国办发〔2015〕20 号《国务院办公厅关于加强安全生产监管执法的通知》相关内容。

（17）熟悉国家安监总局令第 44 号《安全生产培训管理办法》相关要求。

（18）熟悉国家安全生产监督管理总局令第 69 号《有限空间安全作业五条规定》相关规定。

（19）熟悉国家安全生产监督管理总局令第 44 号《安全生产培训管理办法》相关要求。

（20）熟悉国务院国有资产监督管理委员会令第 21 号《中央企业安全生产监督管理暂行办法》相关要求。

（21）熟悉国家安全监管总局办公厅《关于印发用人单位劳动防护用品管理规范的通知》（安监总厅安健〔2015〕124 号）相关要求。

（22）熟悉国家安全生产监督管理总局第 76 号《用人单位职业

病危害防治八条规定》相关规定。

（23）熟悉国家安全生产监督管理总局《企业安全生产责任体系五落实五到位规定》（安监总办〔2015〕27号）相关规定。

3. 应掌握国家电网公司安全生产相关工作要求

（1）掌握《国家电网公司安全工作规定》相关内容。

（2）掌握《国家电网公司基建安全管理规定》相关内容。

（3）掌握《国家电网公司防汛管理办法》相关内容。

（4）掌握《国家电网公司电力安全工作规程 变电部分》《国家电网公司电力安全工作规程 线路部分》《国家电网公司电力安全工作规程 水电厂动力部分》。

（5）掌握《国家电网公司安全事故调查规程》相关内容。

（6）掌握《国家电网公司发电工程建设安全监督检查大纲》相关内容。

（7）掌握《国家电网公司安全风险管理体系实施指导意见》相关内容。

（8）掌握《国家电网公司安全生产反违章工作管理办法》相关内容。

（9）掌握《国家电网公司安全隐患排查治理管理办法》相关内容。

（10）掌握《国家电网公司安全职责规范》相关内容。

（11）掌握《国家电网公司员工奖惩规定》相关内容。

（12）掌握《国家电网公司直属产业安全风险预警管控工作规范（试行）》相关内容。

（13）掌握《信息系统安全监督检查工作规范（试行）》相关

内容。

（14）掌握《信息系统事件调查工作规范（试行）》相关内容。

（15）掌握《国家电网公司质量监督工作规定》相关内容。

（16）掌握《国家电网公司水电工程施工安全风险识别、评估及预控措施管理办法》相关内容。

（17）掌握《国家电网公司电网工程施工安全风险识别、评估及控制办法（试行）》相关内容。

（18）掌握《国家电网公司交通安全监督检查工作规范（试行）》相关内容。

（19）掌握《国家电网公司消防安全监督检查工作规范（试行）》相关内容。

（20）掌握《国家电网公司应急工作管理规定》相关内容。

二、应具备的安全管理技能

（1）能够贯彻国家及行业内安全生产方针、政策、法令、法规，正确处理安全与进度、安全与投资的关系。认真贯彻落实国家有关环境保护和职业安全卫生设施、安全设施与主体工程"三同时"的规定。

（2）能够组织制定、审核公司年度安全生产工作目标计划，协调和处理好各部门之间在安全工作上的协作配合关系。按照"谁主管、谁负责"的原则，建立健全分管工作范围内的安全生产保证体系，落实安全生产责任制，贯彻执行实现年度安全生产工作目标的具体要求和措施，组织贯彻落实有关安全的规程规定和反事故措施要求。

（3）能够组织制定公司"两措"计划，协助并负责落实"两措"计划资金，重大工程项目安全设施及安全技术措施资金、应急体系建设资金。审定工程建设项目中涉及重大安全问题的安全技术组织措施并督促执行。协调解决消防、应急演练、教育培训、竞赛评比、表彰等各项安全活动所需的费用，并对项目安排和资金使用提出整改建议。

（4）能够强化安全生产保证体系，健全生产指挥系统。建立健全基建安全保证体系和监督体系，落实安全生产责任制，健全安全管理与考核制度，并负责检查落实。

（5）能够对分管部门人员履行安全职责的情况进行督促检查。对安全职责履行好的应予以表彰和奖励，对不负责任、失职造成事故的应分清责任进行追究。

（6）能够按规定参加或主持安全工作会议，主持基建安全工作会议，及时协商解决危及安全生产的隐患及问题和安全工作中存在的问题，部署基建安全文明施工工作，推行基建施工现场标准化作业，做好现场安全文明施工管理工作，对分管专业安全工作提出意见和建议，强调部署重点工作。

（7）能够组织开展各类安全检查、隐患排查、教育培训、竞赛评比、表彰先进等工作，并依据各类活动，掌握各项规定和制度的落实情况，督促解决工作中的重大问题或倾向性问题，做到任务、时间、费用、措施、责任人"五落实"。

（8）能够主持或参加有关事故调查处理，严格执行"四不放过"原则。负责审批分管范围内事故调查报告和事故统计报表，对事故统计报表的及时性、准确性、完整性负领导责任。负责分管范围内事故处理的善后工作。

（9）能够经常性深入工作现场，开展监督检查和反违章工作，了解安全生产情况，对作业环境、作业方法、作业流程、安全防护用品使用及《安规》执行情况等进行检查，制止违章违纪行为，及时发现问题并提出改进意见，总结安全生产先进经验，落实安全生产奖惩办法。督促所分管部门落实安全职责，研究解决分管业务工作中的安全问题。

（10）能够对安全性评价、隐患排查中发现的涉及工程设计中的问题和事故隐患，按照安全设施与主体工程"三同时"的要求，负责组织制定并督促落实各项解决措施和方案。

（11）能够负责分管范围内工作质量监督和管理，配合建立健全公司质量监督体系。

（12）能够负责分管范围内的应急管理工作，配合建立健全公司应急管理体系。组织制定并实施基建重大人员伤亡、重大施工机械设备损坏、垮（坍）塌等事故应急处理预案和施工现场应急处置方案，建立有系统、分层次、分工明确、相互协调的事故应急处理体系，组织开展应急演练，协同处置其他专业范围内的突发事件。

（13）能够充分发挥安全监督体系的作用，完善安全监督手段。经常听取安质部的工作汇报，支持安质部履行自己的职责和职权。督促分管部门，主动接受安监部门的安全监督，加强对重大危险源、特种设备、特种作业人员、临时聘用人员的安全管理。

（14）能够认真贯彻《中华人民共和国消防法》《电力设备典型消防规程》，按照"谁主管、谁负责"的原则，做好消防工作。组织有关职能部门，定期组织消防安全大检查和防火演习。做好消防、危险物品保管等工作。参加新建、扩建和技改工程消防设施的方案审查，使其符合国家有关法规的规定。在各类工程移交时，消防设施与主体工程应同时移交。组织开发、推广先进管理方法、施工工艺、技术和设备，审定相关安全技术项目和成果报告，解决基建安全技术上的突出问题，促进安全文明施工水平的提高。

|||||　第二节　总工程师安全管理知识和技能　|||||

一、应掌握的安全管理知识

1. 应了解行业及各相关监管部门管理规定

了解分管生产副总经理应熟悉的相关内容。

2. 应熟悉国家电网公司安全生产相关工作要求

熟悉分管生产副总经理应掌握的相关内容。

3. 应掌握国家电网公司技术管理方面相关工作要求

（1）掌握《水力发电厂安全设施标准化建设验收评价大纲》（安质三〔2013〕135号）相关内容。

（2）掌握 DL/T 586《电力设备监造技术导则》相关内容。

（3）掌握 JGJ 46《施工现场临时用电安全技术规范》相关内容。

（4）掌握 DL 5162《水电水利工程施工安全防护设施技术规范》相关内容。

（5）掌握 DL/T 5370《水电水利工程施工通用安全技术规程》相关内容。

（6）掌握 DL/T 5371《水电水利工程土建施工安全技术规程》

相关内容。

（7）掌握 DL/T 5372《水电水利工程金属结构与机电设备安装安全技术规程》相关内容。

（8）掌握 DL/T 5373《水电水利工程施工作业人员安全技术操作规程》相关内容。

（9）掌握 DL 5009《电力建设安全工作规程》相关内容。

二、应具备的安全管理技能

（1）能够贯彻国家及行业内安全生产方针、政策、法令、法规，正确处理安全与进度、安全与投资的关系。认真贯彻落实国家有关环境保护和职业安全卫生设施、安全设施与主体工程"三同时"的规定。

（2）能够负责安全生产技术管理工作。完善技术管理制度体系，强化技术监督系统，落实各级技术人员的安全生产责任制，审定重大的安全技术组织措施。

（3）能够组织编审年度"两措"计划，做到任务、时间、费用、措施、责任人"五落实"，监督检查实施进展情况，并根据需要及时进行完善和调整。

（4）能够组织审批公司有关工程建设等规程和技术管理制度，并组织实施。

（5）能够解决工程建设中的重大安全技术问题。

（6）能够审定工程建设中涉及重大安全问题的安全组织技术措施并督促执行。

（7）能够组织力量，研究安全生产的重大技术问题，解决重大隐患。推广先进管理方法、施工工艺、技术和设备。审查安全技术项目和成果报告。审批新技术、新工艺、新设备、新材料试验和推广应用的安全措施和方案。

第三节　副总工程师安全管理知识和技能

一、应掌握的安全管理知识

1. 应了解行业及各相关监管部门管理规定

了解分管生产副总经理应熟悉的相关内容。

2. 应熟悉国网公司安全生产相关工作要求

熟悉分管生产副总经理应掌握的相关内容。

3. 应掌握国网公司技术管理方面相关工作要求

（1）掌握《水力发电厂安全设施标准化建设验收评价大纲》（安质三〔2013〕135号）相关内容。

（2）掌握DL/T 586《电力设备监造技术导则》相关内容。

（3）掌握JGJ 46《施工现场临时用电安全技术规范》相关内容。

（4）掌握DL 5162《水电水利工程施工安全防护设施技术规范》相关内容。

（5）掌握DL/T 5370《水电水利工程施工通用安全技术规程》相关内容。

（6）掌握DL/T 5371《水电水利工程土建施工安全技术规程》相关内容。

（7）掌握DL/T 5372《水电水利工程金属结构与机电设备安装安全技术规程》相关内容。

（8）掌握DL/T 5373《水电水利工程施工作业人员安全技术操作规程》相关内容。

（9）掌握DL 5009《电力建设安全工作规程》相关内容。

二、应具备的安全管理技能

（1）能够贯彻国家及行业内安全生产方针、政策、法令、法规，正确处理安全与进度、安全与投资的关系。认真贯彻落实国家有关环境保护和职业安全卫生设施、安全设施与主体工程"三同时"的规定。

（2）能够落实分管专业安全责任制，贯彻执行实现年度安全工作目标的具体要求和措施。协调和处理好分管专业部门在安全工作上的协作关系。

（3）能够对分管专业部门人员履行安全职责的情况进行督促检查。对安全职责履行好的应予以表彰和奖励，对不负责任、失职造成事故的应按本责任制分清责任进行追究。

（4）能够按规定定期参加安全工作会议，协调解决危及安全生产的隐患及问题，对分管专业安全工作提出意见和建议。

（5）能够组织或参加各类安全检查、隐患排查、教育培训、竞赛评比、表彰先进等工作，并依据各类活动，掌握各项规程规定和制度的落实情况。

（6）能够按照"四不放过"原则，参加有关事故调查处理。负责审批分管范围内事故调查报告和事故统计报表，对事故统计报表的及时性、准确性、完整性负领导责任。负责分管范围内事故处理的善后工作。

（7）能够经常性深入一线班组及工作现场，开展监督检查和反违章工作，对作业环境、作业方法、作业流程、安全防护用品使用及《安规》执行情况等进行检查，了解、分析安全生产情况，经常及时发现并解决存在的问题。

（8）能够负责分管范围内工作质量监督和管理，配合建立健全本单位质量监督体系。负责分管范围内的安全技术和监督管理工作。负责组织编制并审批分管范围内现场规程和规定，并根据情况变化，及时组织修改，补充完善。及时了解分管范围内技术人员及生产骨干的配备情况和存在问题，并向分管领导提出意见或建议。

（9）能够负责分管范围内的应急管理工作，配合建立健全公司应急管理体系。组织制定（或修订）并实施分管范围内的突发事件应急预案，协同处置其他专业范围内的防灾减灾、抢险救援等突发事件。

（10）能够经常听取安质部门的工作汇报，支持安质部门履行自己的职责和职权。督促分管部门，主动接受安质部门的安全监督，加强对较大危险源、特种设备、特种作业人员、临时聘用人员的安全管理。

第四节　安全监察质量部主任安全管理知识和技能

一、应掌握的安全管理知识

1. 应了解行业、监管部门安全生产相关管理规定

（1）应了解生产副总经理应熟悉的行业各相关监管部门管理规定。

（2）应了解总工程师（副总工程师）应熟悉的相关管理内容。

2. 应熟悉国网公司安全生产相关管理规定

（1）应熟悉生产副总经理应掌握的行业各相关监管部门管理规定。

（2）应熟悉总工程师应掌握的相关管理内容。

（3）应熟悉副总工程师应掌握的相关管理内容。

3. 应掌握新源公司安全生产相关管理规定

（1）掌握《国网新源控股有限公司安全检查管理手册》相关内容。

（2）掌握《国网新源控股有限公司安全例会管理手册》相关内容。

（3）掌握《国网新源控股有限公司安全设施标准化建设管理手册》相关内容。

（4）掌握《国网新源控股有限公司安全技术劳动保护措施管理手册》相关内容。

（5）掌握《国网新源控股有限公司安全信息报送管理手册》相关内容。

（6）掌握《国网新源控股有限公司管理人员到岗到位管理手册》相关内容。

（7）掌握《国网新源控股有限公司反违章工作监督管理手册》相关内容。

（8）掌握《国网新源控股有限公司特种设备及特种作业人员安全监督管理手册》相关内容。

（9）掌握《国网新源控股有限公司安全性评价管理手册》相关内容。

（10）掌握《国网新源控股有限公司行政正职安全质量工作评价管理手册》相关内容。

（11）掌握《国网新源控股有限公司安全工作奖惩管理手册》

相关内容。

（12）掌握《国网新源控股有限公司工程建设安全生产委员会与例会管理手册》相关内容。

（13）掌握《国网新源控股有限公司工程建设年度安全策划管理手册》相关内容。

（14）掌握《国网新源控股有限公司水电基建工程安全生产费用（安措费）与文明施工设施管理手册》相关内容。

（15）掌握《国网新源控股有限公司工程建设重大危险作业、重大安全技术措施管理手册》相关内容。

（16）掌握《国网新源控股有限公司消防安全管理手册》相关内容。

（17）掌握《国网新源控股有限公司工程建设特种设备安全管理手册》相关内容。

（18）掌握《国网新源控股有限公司工程建设特种作业人员安全管理手册》相关内容。

（19）掌握《国网新源控股有限公司工程建设安全工器具管理手册》相关内容。

（20）掌握《国网新源控股有限公司工程建设脚手架安全管理手册》相关内容。

（21）掌握《国网新源控股有限公司工程建设自制施工机械（设备）安全管理手册》相关内容。

（22）掌握《国网新源控股有限公司工程建设火工品安全管理手册》相关内容。

（23）掌握《国网新源控股有限公司工程建设安全保卫管理手册》相关内容。

（24）掌握《国网新源控股有限公司工程建设厂内交通安全管理手册》相关内容。

（25）掌握《国网新源控股有限公司安全例会管理手册》相关内容。

（26）掌握《新源公司水电站安全风险评估规范（生产部分）》相关内容。

（27）掌握《新源公司水电站静态风险评估规范》相关内容。

二、应具备的安全管理技能

（1）能够负责贯彻部门管理范围内国家及行业内部颁发的有关安全工作法规、条例、规定和指令性文件。制定修订部门管理的技术规程规定和标准，并组织执行。

（2）能够组织制定公司长远安全规划、年度安全生产目标及保证措施，并将安全目标层层分解。负责公司全面质量监督管理和质量监督关键指标的统计、分析和考核。根据公司年度安全目标计划，组织制定部门业务范围内实现企业年度安全目标计划的具体措施，层层落实安全责任，确保安全目标的实现。

（3）能够负责对公司进行全面安全监督。监督各级人员、各部门安全生产责任制的落实。监督各项安全生产规章制度、反事故措施和上级有关安全工作指示的贯彻执行，及时反馈在执行中存在的问题并提出完善修改意见。向上级有关安全监督机构汇报公司安全生产情况。

（4）能够负责组织部门范围内人员安全规程规定和标准的培训学习工作。建立健全本部门各岗位安全责任制，负责本部门人身、交通、消防、质量、信息安全等管理工作。

（5）能够审查公司安全管理部门人员资格。督促检查各级各部门安全监督体系人员、装备等状况，确保符合安全管理与监督工作要求。负责对特种作业人员、重大危险源、危险物品、特种设备以及外来人员（劳务派遣、厂家技术服务、参观、实习、挂职锻炼等人员）的安全管理。

（6）能够负责组织开展事故隐患排查治理。负责公司生产、基建、信息等安全监督、检查。对施工现场经常性开展监督检查，对作业环境、作业流程、安全防护用品使用及执行《安规》等给予检查指导，及时发现问题并提出改进意见。

（7）能够对人身安全防护状况，设备、设施、信息安全技术状况、环境保护状况的监督检查中发现的重大问题和隐患，报请主管领导，并及时下达安全监督通知书，限期解决。及时通报表扬和奖励在安全生产中做出显著成绩的部门和个人。

（8）能够根据季节特点，适时组织专项安全检查及隐患排查治理。组织做好安全性评价工作，对安全性评价查评出的问题督促有关部门整改落实。

（9）能够贯彻落实公司应急领导小组有关决定事项。负责编制安全应急规划并组织实施。负责组织协调本单位应急体系建设，开展应急管理日常工作。负责组织制定、修订应急预案。负责突发事件应急管理及组织协调工作。负责应急工作与政府及有关部门的协调沟通及配合。监督应急处理预案及大型反事故演习预案的编制与执行。监督应急器材、车辆等定期维护保养，确保随时可用。

（10）能够根据职责范围、工作性质以及领导安排，相互协调和配合有关安全的各项工作。负责落实本部门信息安全防护工作。

（11）能够组织召开安全生产月度例会、安全监督网（安全网）例会等，指导安全网活动，研究分析安全动态，布置安全工作，对每月安全生产情况进行总结和分析。

（12）能够参加有关安全的重要会议、安全例会、安全检查等活动。组织或参加有关事故（事件）调查分析，按职责分工提出处理意见，并负责或协助做好事故善后工作。参加和协助公司领导组织安全事故调查，监督"四不放过"原则的贯彻落实，完成事故统计、分析、上报工作并提出考核意见。对安全做出贡献者提出给予表扬和奖励的建议或意见。通过事故快报、安全情况通报等方式，及时发布安全信息。

（13）能够组织制定安全技术及劳动保护措施计划。监督安全生产各项资金的使用情况。监督劳保用品、安全工器具、安全防护用品的购置、发放和使用。监督"两措"计划的执行情况。指导、监督本部门员工正确使用劳保用品、安全工器具和安全防护用品。

（14）能够组织推广安全管理的先进经验，促进安全生产管理水平的提高。

（15）能够参与工程和技改项目的设计审查、设备招投标、施工队伍资质审查和竣工验收以及有关生产科研成果鉴定等工作。

（16）能够组织开展安全教育培训、竞赛和参加安全知识调考。组织开展全员《安规》考试。

（17）能够负责公司保卫管理工作。负责与公安部门的外联工作。

（18）能够负责组织交通安全、防汛、防灾减灾的监督检查。

（19）能够配合参加设备监造、开展物资质量抽检，并对设备安全质量问题提出建议，负责监督供应商资质审查工作的落实。

第五节 安全监察质量部副主任安全管理知识和技能

一、应掌握的安全管理知识

1. 应了解行业、监管部门安全生产相关管理规定

（1）应了解生产副总经理应熟悉的行业各相关监管部门管理规定。

（2）应了解总工程师（副总工程师）应熟悉的相关管理内容。

2．应熟悉国网公司安全生产相关管理规定

（1）应熟悉生产副总经理应掌握的行业各相关监管部门管理规定。

（2）应熟悉总工程师应掌握的相关管理内容。

（3）应熟悉副总工程师应掌握的相关管理内容。

3．应掌握新源公司安全生产相关管理规定

（1）掌握《国网新源控股有限公司安全检查管理手册》相关内容。

（2）掌握《国网新源控股有限公司安全例会管理手册》相关内容。

（3）掌握《国网新源控股有限公司安全设施标准化建设管理手册》相关内容。

（4）掌握《国网新源控股有限公司安全技术劳动保护措施管理手册》相关内容。

（5）掌握《国网新源控股有限公司安全信息报送管理手册》相关内容。

（6）掌握《国网新源控股有限公司管理人员到岗到位管理手册》相关内容。

（7）掌握《国网新源控股有限公司反违章工作监督管理手册》相关内容。

（8）掌握《国网新源控股有限公司特种设备及特种作业人员安全监督管理手册》相关内容。

（9）掌握《国网新源控股有限公司安全性评价管理手册》相关内容。

（10）掌握《国网新源控股有限公司行政正职安全质量工作评价管理手册》相关内容。

（11）掌握《国网新源控股有限公司安全工作奖惩管理手册》相关内容。

（12）掌握《国网新源控股有限公司工程建设安全生产委员会与例会管理手册》相关内容。

（13）掌握《国网新源控股有限公司工程建设年度安全策划管理手册》相关内容。

（14）掌握《国网新源控股有限公司水电基建工程安全生产费用（安措费）与文明施工设施管理手册》相关内容。

（15）掌握《国网新源控股有限公司工程建设重大危险作业、重大安全技术措施管理手册》相关内容。

（16）掌握《国网新源控股有限公司消防安全管理手册》相关内容。

（17）掌握《国网新源控股有限公司工程建设特种设备安全管理手册》相关内容。

（18）掌握《国网新源控股有限公司工程建设特种作业人员安全管理手册》相关内容。

（19）掌握《国网新源控股有限公司工程建设安全工器具管理手册》相关内容。

（20）掌握《国网新源控股有限公司工程建设脚手架安全管理手册》相关内容。

（21）掌握《国网新源控股有限公司工程建设自制施工机械（设备）安全管理手册》相关内容。

（22）掌握《国网新源控股有限公司工程建设火工品安全管理

手册》相关内容。

（23）掌握《国网新源控股有限公司工程建设安全保卫管理手册》相关内容。

（24）掌握《国网新源控股有限公司工程建设厂内交通安全管理手册》相关内容。

（25）掌握《国网新源控股有限公司安全例会管理手册》相关内容。

（26）掌握《新源公司水电站安全风险评估规范（生产部分）》相关内容。

（27）掌握《新源公司水电站静态风险评估规范》相关内容。

二、应具备的安全管理技能

（1）能够配合主任做好部门的各项管理工作，负责拟订、修订安全质量管理工作目标、技术、措施、计划及相关制度。

（2）能够拟订、修订安全考核、安全培训相关制度和办法。

（3）能够审核同业对标、可靠性管理规章制度、实施办法及其具体工作开展情况。

（4）能够审核治安保卫和消防管理年度工作计划及相关管理工作。

（5）能够组织开展公司消防安全管理等应急管理工作。

（6）能够审核公司应急管理、电力设施保护管理的相关管理流程与制度。

（7）能够每月组织安全网络会，专题通报上月安全监督情况和存在的问题，确定下月安全监督重点工作。

（8）能够每季度组织公司的安委会例会，专题通报上季度违章、事故情况和存在的问题，提出下季度注意事项。

（9）能够 12 月底前，协助主任组织制定、修订部门下年度工作计划，并组织实施。

（10）能够组织实施部门质量体系的内审工作，并对运行状况进行分析、总结。

（11）能够审核公司《基建安全信息月报》等报表工作。

（12）能够监督公司"两措"计划的实施工作。

（13）能够开展管理范围内相关培训工作。

第六节 安全监察质量部安全监督专责安全管理知识和技能

一、应掌握的安全管理知识

1. 应了解行业、监管部门安全生产相关管理规定

（1）应了解部门主任应熟悉的行业各相关监管部门管理规定。

（2）应了解部门主任应熟悉的相关管理内容。

2. 应熟悉国家电网公司安全生产相关管理规定

（1）应熟悉部门主任应掌握的行业各相关监管部门管理规定。

（2）应熟悉部门主任应掌握的相关管理内容。

3．应掌握新源公司安全生产相关管理规定

（1）掌握《国网新源控股有限公司安全检查管理手册》相关内容。

（2）掌握《国网新源控股有限公司安全例会管理手册》相关内容。

（3）掌握《国网新源控股有限公司安全设施标准化建设管理手册》相关内容。

（4）掌握《国网新源控股有限公司安全技术劳动保护措施管理手册》相关内容。

（5）掌握《国网新源控股有限公司安全信息报送管理手册》相关内容。

（6）掌握《国网新源控股有限公司管理人员到岗到位管理手册》相关内容。

（7）掌握《国网新源控股有限公司反违章工作监督管理手册》相关内容。

（8）掌握《国网新源控股有限公司特种设备及特种作业人员安全监督管理手册》相关内容。

（9）掌握《国网新源控股有限公司安全性评价管理手册》相关内容。

（10）掌握《国网新源控股有限公司行政正职安全质量工作评价管理手册》相关内容。

（11）掌握《国网新源控股有限公司安全工作奖惩管理手册》相关内容。

（12）掌握《国网新源控股有限公司工程建设安全生产委员会与例会管理手册》相关内容。

（13）掌握《国网新源控股有限公司工程建设年度安全策划管理手册》相关内容。

（14）掌握《国网新源控股有限公司水电基建工程安全生产费用（安措费）与文明施工设施管理手册》相关内容。

（15）掌握《国网新源控股有限公司工程建设重大危险作业、重大安全技术措施管理手册》相关内容。

（16）掌握《国网新源控股有限公司消防安全管理手册》相关内容。

（17）掌握《国网新源控股有限公司工程建设特种设备安全管理手册》相关内容。

（18）掌握《国网新源控股有限公司工程建设特种作业人员安全管理手册》相关内容。

（19）掌握《国网新源控股有限公司工程建设安全工器具管理手册》相关内容。

（20）掌握《国网新源控股有限公司工程建设脚手架安全管理手册》相关内容。

（21）掌握《国网新源控股有限公司工程建设自制施工机械（设备）安全管理手册》相关内容。

（22）掌握《国网新源控股有限公司工程建设火工品安全管理手册》相关内容。

（23）掌握《国网新源控股有限公司工程建设安全保卫管理手册》相关内容。

（24）掌握《国网新源控股有限公司工程建设厂内交通安全管理手册》相关内容。

（25）掌握《国网新源控股有限公司安全例会管理手册》相关

内容。

（26）掌握《新源公司水电站安全风险评估规范（生产部分）》相关内容。

（27）掌握《新源公司水电站静态风险评估规范》相关内容。

二、应具备的安全管理技能

（1）能够在部门负责人的领导下，组织开展安全监督和管理工作。

（2）能够建立健全公司安全质量监督体系，监督各级人员、各部门安全生产责任制的落实。健全安全管理与考核制度。

（3）能够组织制定公司年度安全生产目标及保证措施。负责公司全面质量监督管理。负责监督检查工程建设全过程安全质量管理工作。

（4）能够制定公司安全教育培训计划，按计划组织开展。并监督工程承包商安全教育培训开展情况。

（5）能够负责做好公司安全会议、活动安排及组织工作。

（6）能够监督各级人员履行安全职责，监督检查"两措"的实施。经常深入现场对发现直接危及人身、电网和设备安全的隐患、违章作业及违章指挥，及时发出《安全监察通知书》予以制止。

（7）能够组织春、秋季安全大检查等安全专项活动，督促有关部门及参建单位制定整改措施计划，并监督整改。

（8）能够参加事故调查，及时做好事故分析、统计，找出安全生产工作中的薄弱环节及存在的问题，督促制定反事故技术措施。

（9）能够对公司生产、基建、信息等进行安全监督、检查。对施工现场经常性开展监督检查，对作业环境、作业流程、安全防护用品使用及执行《安规》等给予检查指导。

（10）能够组织对施工单位的施工资质和安全资质进行审查，参加审查各安全专项项目技术方案及措施，检查安全措施落实情况。

（11）能够参加组织外包队伍的资格审查，施工合同审查。组织对外包队伍有关人员的安全知识考试。定期或不定期对外包队施工现场进行安全监察。

（12）能够负责监控施工安全重大风险作业。监督检查施工企业大型施工机械（含特种设备）的技术检验和安全管理，检查特种作业人员持证上岗情况。组织编制工程风险辨识清单，强化施工风险作业管理。

第七节 安全监察质量部消防保卫专责安全管理知识和技能

一、应掌握的安全管理知识

1. 应了解行业、监管部门安全生产相关管理规定

（1）应了解部门主任应熟悉的行业各相关监管部门管理规定。

（2）应了解部门主任应熟悉的相关管理内容。

2. 应熟悉国家电网公司安全生产相关管理规定

（1）应熟悉部门主任应掌握的行业各相关监管部门管理规定。

（2）应熟悉部门主任应掌握的相关管理内容。

3. 应掌握新源公司安全生产相关管理规定

（1）掌握《国网新源控股有限公司安全检查管理手册》相关内容。

（2）掌握《国网新源控股有限公司安全例会管理手册》相关内容。

（3）掌握《国网新源控股有限公司安全设施标准化建设管理手册》相关内容。

（4）掌握《国网新源控股有限公司安全技术劳动保护措施管理手册》相关内容。

（5）掌握《国网新源控股有限公司安全信息报送管理手册》相关内容。

（6）掌握《国网新源控股有限公司管理人员到岗到位管理手册》相关内容。

（7）掌握《国网新源控股有限公司反违章工作监督管理手册》相关内容。

（8）掌握《国网新源控股有限公司特种设备及特种作业人员安全监督管理手册》相关内容。

（9）掌握《国网新源控股有限公司安全性评价管理手册》相关内容。

（10）掌握《国网新源控股有限公司行政正职安全质量工作评价管理手册》相关内容。

（11）掌握《国网新源控股有限公司安全工作奖惩管理手册》相关内容。

（12）掌握《国网新源控股有限公司工程建设安全生产委员会与例会管理手册》相关内容。

（13）掌握《国网新源控股有限公司工程建设年度安全策划管理手册》相关内容。

（14）掌握《国网新源控股有限公司水电基建工程安全生产费用（安措费）与文明施工设施管理手册》相关内容。

（15）掌握《国网新源控股有限公司工程建设重大危险作业、重大安全技术措施管理手册》相关内容。

（16）掌握《国网新源控股有限公司消防安全管理手册》相关内容。

（17）掌握《国网新源控股有限公司工程建设特种设备安全管理手册》相关内容。

（18）掌握《国网新源控股有限公司工程建设特种作业人员安全管理手册》相关内容。

（19）掌握《国网新源控股有限公司工程建设安全工器具管理手册》相关内容。

（20）掌握《国网新源控股有限公司工程建设脚手架安全管理手册》相关内容。

（21）掌握《国网新源控股有限公司工程建设自制施工机械（设备）安全管理手册》相关内容。

（22）掌握《国网新源控股有限公司工程建设火工品安全管理手册》相关内容。

（23）掌握《国网新源控股有限公司工程建设安全保卫管理手

册》相关内容。

（24）掌握《国网新源控股有限公司工程建设厂内交通安全管理手册》相关内容。

（25）掌握《国网新源控股有限公司安全例会管理手册》相关内容。

（26）掌握《新源公司水电站安全风险评估规范（生产部分）》相关内容。

（27）掌握《新源公司水电站静态风险评估规范》相关内容。

二、应具备的安全管理技能

（1）能够在部门负责人的领导下，组织开展消防安全、治安保卫安全管理工作。

（2）能够负责公司生产、生活场所的消防制度的制订，监督检查各部门执行情况并督促落实。

（3）能够组织做好动火现场的消防监护工作。做好公司消防器材的配置、更换、保养、管理和台账的管理工作。

（4）能够负责做好公司的安全生产保卫和值勤工作，严禁无关人员进入工程现场、生产办公区域。做好节、假日的"四防"检查。

（5）能够定期组织消防安全大检查和防火演习。做好消防、危险物品保管等工作。参加工程项目消防设施的方案审查，使其符合国家有关法规的规定。

（6）能够对事故现场和特殊场所组织做好保卫和警戒工作。

（7）能够负责公司交通安全、工业卫生、劳动保护的监督工作。组织制定安全技术及劳动保护措施计划。监督劳保用品、安全工器具、安全防护用品的购置、发放和使用。监督"两措"计划的执行情况。

（8）能够建立健全公司应急管理体系。组织制定（或修订）并实施分管范围内的突发事件应急预案和演练，协同处置其他专业范围内的突发事件。

（9）能够负责监督防汛等应急物资储备运输，确保事故应急处理物资的供应。

第八节　工程部主任安全管理知识和技能

一、应掌握的安全管理知识

1. 应了解行业、监管部门安全生产相关管理规定

（1）应了解生产副总经理应熟悉的行业各相关监管部门管理规定。

（2）应了解总工程师（副总工程师）应熟悉的相关管理内容。

2. 应熟悉国家电网公司安全生产相关管理规定

（1）应熟悉生产副总经理应掌握的行业各相关监管部门管理规定。

（2）应熟悉总工程师应掌握的相关管理内容。

（3）应熟悉副总工程师应掌握的相关管理内容。

3. 应掌握新源公司安全生产相关管理规定

（1）掌握《国网新源控股有限公司安全检查管理手册》相关内容。

（2）掌握《国网新源控股有限公司安全例会管理手册》相关内容。

（3）掌握《国网新源控股有限公司安全设施标准化建设管理手册》相关内容。

（4）掌握《国网新源控股有限公司安全技术劳动保护措施管理手册》相关内容。

（5）掌握《国网新源控股有限公司安全信息报送管理手册》相关内容。

（6）掌握《国网新源控股有限公司管理人员到岗到位管理手册》相关内容。

（7）掌握《国网新源控股有限公司反违章工作监督管理手册》相关内容。

（8）掌握《国网新源控股有限公司特种设备及特种作业人员安全监督管理手册》相关内容。

（9）掌握《国网新源控股有限公司安全性评价管理手册》相关内容。

（10）掌握《国网新源控股有限公司行政正职安全质量工作评价管理手册》相关内容。

（11）掌握《国网新源控股有限公司安全工作奖惩管理手册》

相关内容。

（12）掌握《国网新源控股有限公司工程建设安全生产委员会与例会管理手册》相关内容。

（13）掌握《国网新源控股有限公司工程建设年度安全策划管理手册》相关内容。

（14）掌握《国网新源控股有限公司水电基建工程安全生产费用（安措费）与文明施工设施管理手册》相关内容。

（15）掌握《国网新源控股有限公司工程建设重大危险作业、重大安全技术措施管理手册》相关内容。

（16）掌握《国网新源控股有限公司消防安全管理手册》相关内容。

（17）掌握《国网新源控股有限公司工程建设特种设备安全管理手册》相关内容。

（18）掌握《国网新源控股有限公司工程建设特种作业人员安全管理手册》相关内容。

（19）掌握《国网新源控股有限公司工程建设安全工器具管理手册》相关内容。

（20）掌握《国网新源控股有限公司工程建设脚手架安全管理手册》相关内容。

（21）掌握《国网新源控股有限公司工程建设自制施工机械（设备）安全管理手册》相关内容。

（22）掌握《国网新源控股有限公司工程建设火工品安全管理手册》相关内容。

（23）掌握《国网新源控股有限公司工程建设安全保卫管理手册》相关内容。

（24）掌握《国网新源控股有限公司工程建设厂内交通安全管理手册》相关内容。

（25）掌握《国网新源控股有限公司安全例会管理手册》相关内容。

（26）掌握《新源公司水电站安全风险评估规范（生产部分）》相关内容。

（27）掌握《新源公司水电站静态风险评估规范》相关内容。

二、应具备的安全管理技能

（1）能够根据公司安全生产目标，制订本部门的安全目标，并分解到本部门员工，负责签订部门与个人的《安全生产责任书》，做到目标到位、责任到位。

（2）能够组织本部门安全规程规定和标准的学习、定期考试及新入职员工的安全教育工作。

（3）能够定期参加公司安全生产月度例会、周例会，认真落实会议精神和要求。

（4）能够亲自阅处上级有关分管工作范围内的安全文件和事故通报，制定贯彻落实措施，并负责督促实施。

（5）能够经常深入施工现场，了解施工安全情况，检查本部门安全职责的履行情况，制止违章违纪行为。同时，支持安全监察部门及其部门安全员的工作，主动接收安全监察人员的监督。

（6）能够及时发现工程建设过程中重大隐患，认真研究治理方案与措施，并组织落实整改。同时，组织开展本部门的安全自查工作，检查安全管理上的隐患和不安全情况，对查出的隐患及时进行整改。

（7）能够按《电力生产事故调查规程》的规定，配合有关人身事故的调查处理工作。

（8）能够负责工程环境保护、水土保持、防汛等项工作的安全管理。

（9）能够负责部门的生产原始记录、报表和统计资料的全过程管理工作。

（10）能够组织编制分管专业范围内安全隐患治理方案和安全隐患治理工作，参与安全隐患排查治理检查和专项治理活动。负责安全事件隐患的评估定级，参与专业范围内安全隐患的评估定级。负责审核治理方案，并监督实施，对治理结果进行复核验收，做到闭环管理。对各参建单位隐患排查治理工作开展情况提出考核建议。

第九节　工程部副主任安全管理知识和技能

一、应掌握的安全管理知识

1. 应了解行业、监管部门安全生产相关管理规定

（1）应了解生产副总经理应熟悉的行业各相关监管部门管理规定。

（2）应了解总工程师（副总工程师）应熟悉的相关管理内容。

2. 应熟悉国家电网公司安全生产相关管理规定

（1）应熟悉生产副总经理应掌握的行业各相关监管部门管理规定。

（2）应熟悉总工程师应掌握的相关管理内容。

（3）应熟悉副总工程师应掌握的相关管理内容。

3. 应掌握新源公司安全生产相关管理规定

（1）掌握《国网新源控股有限公司安全检查管理手册》相关内容。

（2）掌握《国网新源控股有限公司安全例会管理手册》相关内容。

（3）掌握《国网新源控股有限公司安全设施标准化建设管理手册》相关内容。

（4）掌握《国网新源控股有限公司安全技术劳动保护措施管理手册》相关内容。

（5）掌握《国网新源控股有限公司安全信息报送管理手册》相关内容。

（6）掌握《国网新源控股有限公司管理人员到岗到位管理手册》相关内容。

（7）掌握《国网新源控股有限公司反违章工作监督管理手册》相关内容。

（8）掌握《国网新源控股有限公司特种设备及特种作业人员安全监督管理手册》相关内容。

（9）掌握《国网新源控股有限公司安全性评价管理手册》相关内容。

（10）掌握《国网新源控股有限公司行政正职安全质量工作评价管理手册》相关内容。

（11）掌握《国网新源控股有限公司安全工作奖惩管理手册》相关内容。

（12）掌握《国网新源控股有限公司工程建设安全生产委员会与例会管理手册》相关内容。

（13）掌握《国网新源控股有限公司工程建设年度安全策划管理手册》相关内容。

（14）掌握《国网新源控股有限公司水电基建工程安全生产费用（安措费）与文明施工设施管理手册》相关内容。

（15）掌握《国网新源控股有限公司工程建设重大危险作业、重大安全技术措施管理手册》相关内容。

（16）掌握《国网新源控股有限公司消防安全管理手册》相关内容。

（17）掌握《国网新源控股有限公司工程建设特种设备安全管

理手册》相关内容。

（18）掌握《国网新源控股有限公司工程建设特种作业人员安全管理手册》相关内容。

（19）掌握《国网新源控股有限公司工程建设安全工器具管理手册》相关内容。

（20）掌握《国网新源控股有限公司工程建设脚手架安全管理手册》相关内容。

（21）掌握《国网新源控股有限公司工程建设自制施工机械（设备）安全管理手册》相关内容。

（22）掌握《国网新源控股有限公司工程建设火工品安全管理手册》相关内容。

（23）掌握《国网新源控股有限公司工程建设安全保卫管理手册》相关内容。

（24）掌握《国网新源控股有限公司工程建设厂内交通安全管理手册》相关内容。

（25）掌握《国网新源控股有限公司安全例会管理手册》相关内容。

（26）掌握《新源公司水电站安全风险评估规范（生产部分）》相关内容。

（27）掌握《新源公司水电站静态风险评估规范》相关内容。

二、应具备的安全管理技能

（1）能够认真贯彻执行国家、国家电网公司、国网新源控股有限公司和公司有关安全生产的方针、政策、法规及相关规定，并把围绕安全生产所要做的主要工作列入年度工作计划，组织实施。

（2）能够按照公司安全生产目标，签订《安全生产责任书》，做到目标到位、责任到位。

（3）能够阅处上级有关分管工作范围内的安全文件和事故通报，制定贯彻落实措施，并负责督促实施。

（4）能够经常深入施工现场，了解施工安全情况，检查本部门安全职责的履行情况，制止违章违纪行为。同时，支持安全监察部门及其部门安全员的工作，主动接收安全监察人员的监督。

（5）能够定期参加公司安全生产月度例会、周例会，认真落实会议精神和要求。

（6）能够及时发现工程建设过程中重大隐患，认真研究治理方案与措施，并组织落实整改。同时，组织开展本部门的安全自查工作，检查安全管理上的隐患和不安全情况，对查出的隐患及时进行整改。

（7）能够按《电力生产事故调查规程》的规定，配合有关人身事故的调查处理工作。

（8）能够负责部门的生产原始记录、报表和统计资料的全过程管理工作。

（9）能够配合部门正职编制分管专业范围内安全隐患治理方案和安全隐患治理工作，参与安全隐患排查治理检查和专项治理活动。配合部门正职安全事件隐患的评估定级，参与专业范围内安全隐患的评估定级。配合部门正职审核治理方案，并监督实施，对治理结果进行复核验收，做到闭环管理。对各参建单位隐患排查治理工作开展情况提出考核建议。

第十节　工程部专工安全管理知识和技能

一、应掌握的安全管理知识

1. 应了解行业、监管部门安全生产相关管理规定

（1）应了解总工程师（副总工程师）应熟悉的相关管理内容。

（2）应了解部门主任应熟悉的行业各相关监管部门管理规定。

2. 应熟悉国家电网公司安全生产相关管理规定

（1）应熟悉总工程师（副总工程师）应掌握的行业各相关监管部门管理规定。

（2）应熟悉部门主任应掌握的相关管理内容。

3. 应掌握新源公司安全生产相关管理规定

（1）掌握《国网新源控股有限公司安全检查管理手册》相关内容。

（2）掌握《国网新源控股有限公司安全例会管理手册》相关内容。

（3）掌握《国网新源控股有限公司安全设施标准化建设管理手册》相关内容。

（4）掌握《国网新源控股有限公司安全技术劳动保护措施管理手册》相关内容。

（5）掌握《国网新源控股有限公司安全信息报送管理手册》相关内容。

（6）掌握《国网新源控股有限公司管理人员到岗到位管理手册》相关内容。

（7）掌握《国网新源控股有限公司反违章工作监督管理手册》相关内容。

（8）掌握《国网新源控股有限公司特种设备及特种作业人员安全监督管理手册》相关内容。

（9）掌握《国网新源控股有限公司安全性评价管理手册》相关内容。

（10）掌握《国网新源控股有限公司行政正职安全质量工作评价管理手册》相关内容。

（11）掌握《国网新源控股有限公司安全工作奖惩管理手册》相关内容。

（12）掌握《国网新源控股有限公司工程建设安全生产委员会与例会管理手册》相关内容。

（13）掌握《国网新源控股有限公司工程建设年度安全策划管理手册》相关内容。

（14）掌握《国网新源控股有限公司水电基建工程安全生产费用（安措费）与文明施工设施管理手册》相关内容。

（15）掌握《国网新源控股有限公司工程建设重大危险作业、重大安全技术措施管理手册》相关内容。

（16）掌握《国网新源控股有限公司消防安全管理手册》相关内容。

（17）掌握《国网新源控股有限公司工程建设特种设备安全管理手册》相关内容。

（18）掌握《国网新源控股有限公司工程建设特种作业人员安

全管理手册》相关内容。

（19）掌握《国网新源控股有限公司工程建设安全工器具管理手册》相关内容。

（20）掌握《国网新源控股有限公司工程建设脚手架安全管理手册》相关内容。

（21）掌握《国网新源控股有限公司工程建设自制施工机械（设备）安全管理手册》相关内容。

（22）掌握《国网新源控股有限公司工程建设火工品安全管理手册》相关内容。

（23）掌握《国网新源控股有限公司工程建设安全保卫管理手册》相关内容。

（24）掌握《国网新源控股有限公司工程建设厂内交通安全管理手册》相关内容。

（25）掌握《国网新源控股有限公司安全例会管理手册》相关内容。

（26）掌握《新源公司水电站安全风险评估规范（生产部分）》相关内容。

（27）掌握《新源公司水电站静态风险评估规范》相关内容。

二、应具备的安全管理技能

（1）能够认真执行国家、国家电网公司、国网新源控股有限公司及公司有关安全生产的法律、法规及相关安全规定，保证不发生违法事件及习惯性违章行为。

（2）能够加强个人安全素质的培养，在实际工作中强化危险点分析，确保"三不"伤害，创建良好的安全工作环境。

（3）能够负责所管辖工程项目的计划制订，负责工程项目组织措施、技术措施和安全措施的制订。

（4）能够负责监督所管辖工程项目的施工队伍的资质审查、安全培训。

（5）能够经常深入施工现场，了解施工安全情况，检查本部门安全职责的履行情况，制止违章违纪行为。同时，支持安全监察部门及其部门安全员的工作，主动接收安全监察人员的监督。

（6）能够当所辖工程项目与计划出现偏差时，负责与各方沟通，制订解决方案，报上级审批。

（7）能够自觉遵守公司劳动纪律及各项安全管理规章制度，主动与违规行为做斗争。

（8）能够根据上级活动组织要求和本企业工程管理标准，深入现场开展所辖工程的安全自查工作，检查设备和安全管理上的隐患和不安全情况，对查出的隐患及时指导工程单位进行整改。

（9）能够负责部门的生产原始记录、报表和统计资料的全过程管理工作。

（10）能够负责监督施工单位做好施工现场安全技术交底，并监督施工现场各项安全技术措施落实到位。

（11）能够编制分管专业范围内安全隐患治理方案和安全隐患治理工作，参与安全隐患排查治理检查和专项治理活动。参与安全事件隐患的评估定级，参与专业范围内安全隐患的评估定级。编制治理方案，并监督实施，对治理结果进行复核验收，做到闭环管理。对各参建单位隐患排查治理工作开展情况提出考核建议。

第十一节　机电部主任安全管理知识和技能

一、应掌握的安全管理知识

1. 应了解行业、监管部门安全生产相关管理规定

（1）应了解生产副总经理应熟悉的行业各相关监管部门管理规定。

（2）应了解总工程师应熟悉的相关管理内容。

（3）应了解副总工程师应熟悉的相关管理内容。

2. 应熟悉国家电网公司安全生产相关管理规定

（1）应熟悉生产副总经理应掌握的行业各相关监管部门管理规定。

（2）应熟悉总工程师应掌握的相关管理内容。

（3）应熟悉副总工程师应掌握的相关管理内容。

（4）应熟悉《水电站大坝运行安全监督管理规定》（发改委2015第23号）相关内容。

3. 应掌握新源公司安全生产相关管理规定

（1）应掌握《国家电网公司水电厂机组检修安全监督检查大纲》相关内容。

（2）应掌握《国网新源控股有限公司反违章工作监督管理手册》相关内容。

（3）应掌握《抽水蓄能电站作业风险防范和辨识手册（电气一

次与二次)》《抽水蓄能电站作业风险防范和辨识手册(发电电动机部分)》《抽水蓄能电站作业风险防范和辨识手册(水泵水轮机及辅助设备)》《抽水蓄能电站作业风险防范和辨识手册(水工部分)》《抽水蓄能电站作业风险防范和辨识手册(运行部分)》相关内容。

(4)应掌握《新源公司水电站安全风险评估规范(生产部分)》相关内容。

(5)应掌握《新源公司水电站静态风险评估规范》相关内容。

(6)应掌握《国网新源控股有限公司生产业务外包分级分类安全管理手册》相关内容。

二、应具备的安全管理技能

(1)能够认真贯彻执行国家、国家电网公司、国网新源控股有限公司和公司有关安全生产的方针、政策、法规及相关规定,并把围绕安全生产所要做的主要工作列入年度工作计划,组织实施。

(2)能够根据公司安全生产目标,制订本部门的安全目标,并分解到本部门员工,负责签订部门与个人的《安全生产责任书》,做到目标到位、责任到位。

(3)能够组织本部门安全规程规定和标准的学习、定期考试及新入职员工的安全教育工作。

(4)能够定期参加公司安全生产月度例会、周例会,认真落实会议精神和要求。

（5）能够亲自阅处上级有关分管工作范围内的安全文件和事故通报，制定贯彻落实措施，并负责督促实施。

（6）能够经常深入施工现场，了解施工安全情况，检查本部门安全职责的履行情况，制止违章违纪行为。同时，支持安全监察部门及其部门安全员的工作，主动接收安全监察人员的监督。

（7）能够及时发现工程建设过程中重大隐患，认真研究治理方案与措施，并组织落实整改。同时，组织开展本部门的安全自查工作，检查安全管理上的隐患和不安全情况，对查出的隐患及时进行整改。

（8）能够按《电力生产事故调查规程》的规定，配合有关人身事故的调查处理工作。

（9）能够负责工程环境保护、水土保持、防汛等项工作的安全管理。

（10）能够负责部门的生产原始记录、报表和统计资料的全过程管理工作。

（11）能够组织编制分管专业范围内安全隐患治理方案和安全隐患治理工作，参与安全隐患排查治理检查和专项治理活动。负责安全事件隐患的评估定级，参与专业范围内安全隐患的评估定级。负责审核治理方案，并监督实施，对治理结果进行复核验收，做到闭环管理。对各参建单位隐患排查治理工作开展情况提出考核建议。

第十二节 机电部副主任安全管理知识和技能

一、应掌握的安全管理知识

1. 应了解行业、监管部门安全生产相关管理规定

（1）应了解总工程师应熟悉的相关管理内容。

（2）应了解副总工程师应熟悉的相关管理内容。

2. 应熟悉国家电网公司安全生产相关管理规定

（1）应熟悉总工程师应掌握的相关管理内容。

（2）应熟悉副总工程师应掌握的相关管理内容。

（3）应熟悉《水电站大坝运行安全监督管理规定》（发改委 2015 第 23 号）相关内容。

3. 应掌握新源公司安全生产相关管理规定

（1）应掌握 DL／T 5370《水电水利工程施工通用安全技术规程》相关内容。

（2）应掌握 DL／T 5371《水电水利工程土建施工安全技术规程》相关内容。

（3）应掌握 DL／T 5372《水电水利工程金属结构与机电设备安装安全技术规程》相关内容。

（4）应掌握 DL／T 5373《水电水利工程施工作业人员安全技术操作规程》相关内容。

（5）应掌握 JGJ 130《建筑施工扣件式钢管脚手架安全技术规

范》相关内容。

（6）应掌握 DL／T 586《电力设备监造技术导则》相关内容。

（7）应掌握《国家电网公司水电厂机组检修安全监督检查大纲》相关内容。

（8）应掌握《国家电网公司电力安全工作规程 变电部分》《国家电网公司电力安全工作规程 线路部分》《国家电网公司电力安全工作规程 水电厂动力部分》相关内容。

（9）应掌握《国网新源控股有限公司反违章工作监督管理手册》相关内容。

（10）应掌握《国网新源控股有限公司特种设备及特种作业人员安全监督管理手册》相关内容。

二、应具备的安全管理技能

（1）能够认真贯彻执行国家、国家电网公司、国网新源控股有限公司和公司有关安全生产的方针、政策、法规及相关规定，并把围绕安全生产所要做的主要工作列入年度工作计划，组织实施。

（2）能够按照公司安全生产目标，签订《安全生产责任书》，做到目标到位、责任到位。

（3）能够阅处上级有关分管工作范围内的安全文件和事故通报，制定贯彻落实措施，并负责督促实施。

（4）能够经常深入施工现场，了解施工安全情况，检查本部门安全职责的履行情况，制止违章违纪行为。同时，支持安全监察部门及其部门安全员的工作，主动接收安全监察人员的监督。

（5）能够参加公司的安全分析会，认真落实会议精神和要求。

（6）能够及时发现机电设备安全过程中重大隐患，认真研究治理方案与措施，并组织落实整改。同时，组织开展本部门的安全自查工作，检查安全管理上的隐患和不安全情况，对查出的隐患及时进行整改。

（7）能够按《电力生产事故调查规程》的规定，配合有关人身事故的调查处理工作。

（8）能够负责部门的生产原始记录、报表和统计资料的全过程管理工作。

（9）能够配合部门正职编制分管专业范围内安全隐患治理方案和安全隐患治理工作，参与安全隐患排查治理检查和专项治理活动。配合部门正职安全事件隐患的评估定级，参与专业范围内安全隐患的评估定级。配合部门正职审核治理方案，并监督实施，对治理结果进行复核验收，做到闭环管理。对各参建单位隐患排查治理工作开展情况提出考核建议。

第十三节　机电部专工安全管理知识和技能

一、应掌握的安全管理知识

1. 应了解行业、监管部门安全生产相关管理规定

（1）应了解机电部副主任（运行）应熟悉的相关管理内容。

（2）应了解机电部副主任（维护）应熟悉的相关管理内容。

2. 应熟悉国家电网公司安全生产相关管理规定

（1）应熟悉机电部副主任（运行）应掌握的相关管理内容。

（2）应熟悉机电部副主任（维护）应掌握的相关管理内容。

（3）应熟悉《国家电网公司防止电气误操作安全管理规定》（国网安监〔2006〕904号）

3. 应掌握新源公司安全生产相关管理规定

（1）应掌握《国家电网公司电力安全工作规程 变电部分》《国家电网公司电力安全工作规程 线路部分》《国家电网公司电力安全工作规程 水电厂动力部分》相关内容。

（2）应掌握《国网新源控股有限公司反违章工作监督管理手册》相关内容。

（3）应掌握《国家电网公司电力安全工器具管理规定》相关内容。

（4）应掌握《国家电网公司电力建设起重器械安全监督管理办法》相关内容。

（5）应掌握《国网新源控股有限公司特种设备及特种作业人员安全监督管理手册》相关内容。

（6）应掌握《国网新源控股有限公司管理人员到岗到位管理手册》相关内容。

（7）应掌握《国网新源控股有限公司安全设施标准化建设管理手册》相关内容。

二、应具备的安全管理技能

（1）能够认真执行国家、国家电网公司、国网新源控股有限公司及公司有关安全生产的法律、法规及相关安全规定，保证不发生违法事件及习惯性违章行为。

（2）能够加强个人安全素质的培养，在实际工作中强化危险点分析，确保"三不"伤害，创建良好的安全工作环境。

（3）能够负责所管辖工程项目的计划制订，负责工程项目组织措施、技术措施和安全措施的制订。

（4）能够负责监督所管辖工程项目的施工队伍的资质审查、安全培训。

（5）能够经常深入施工现场，了解施工安全情况，检查本部门安全职责的履行情况，制止违章违纪行为。同时，支持安全监察部门及其部门安全员的工作，主动接收安全监察人员的监督。

（6）能够当所辖工程项目与计划出现偏差时，负责与各方沟通，制订解决方案，报上级审批。

（7）能够自觉遵守公司劳动纪律及各项安全管理规章制度，主动与违规行为做斗争。

（8）能够根据上级活动组织要求和本企业工程管理标准，深入现场开展所辖工程的安全自查工作，检查设备和安全管理上的隐患和不安全情况，对查出的隐患及时指导工程单位进行整改。

（9）能够负责部门的生产原始记录、报表和统计资料的全过程管理工作。

（10）能够负责监督施工单位做好施工现场安全技术交底，并监督施工现场各项安全技术措施落实到位。

（11）能够编制分管专业范围内安全隐患治理方案和安全隐患治理工作，参与安全隐患排查治理检查和专项治理活动。参与安全事件隐患的评估定级，参与专业范围内安全隐患的评估定级。编制治理方案，并监督实施，对治理结果进行复核验收，做到闭环管理。对各参建单位隐患排查治理工作开展情况提出考核建议。